1927

UNE FERME

DU NORD DE L'ARTOIS

Benoît BUTRUILLE

THÈSE AGRICOLE

Une Ferme au Nord de l'Artois

THÈSE AGRICOLE

soutenue en juillet 1927

A L'INSTITUT AGRICOLE DE BEAUVAIS

devant

MM. les Délégués de la Société des Agriculteurs de France

par

BENOIT BUTRUILLE

Lauréat de la Société des Agriculteurs de France

BEAUVAIS

IMPRIMERIE DEPARTEMENTALE DE L'OISE

26, rue de Malherbe, 26

1927

A mes chers Parents

INTRODUCTION

Etant appelé à soutenir une thèse devant MM. les Délégués des Agriculteurs de France pour mettre fin aux études de l'Institut Agricole de Beauvais, nous avons choisi « une ferme au Nord de l'Artois » pour plusieurs raisons :

1° Pour une raison personnelle. Etant né et ayant toujours vécu en Artois, nous avons senti en nous un attrait tout particulier à étudier une exploitation sise dans la région qui nous est si chère.

2° Pour une raison professionnelle. L'Artois est, en effet, avec la Flandre, la région française où on sait le mieux cultiver.

« La terre, disait Young en traversant cette région, est labourée avec une attention et une activité qui n'ont point d'exemple. »

Dans aucune région la terre n'est en effet travaillée par tant de façons culturales.

Les façons nettoyantes en particulier sont des plus fréquentes. Les cultivateurs se font un point d'honneur d'avoir des terres très propres, et leur réputation est pour ainsi dire établie d'après l'état de propreté de leurs cultures.

Les engrais sont très abondants et le fumier de ferme est toujours considéré comme indispensable. Aussi les cultivateurs s'efforcent d'entretenir le plus de bétail possible pour n'être jamais obligés d'acheter de fumier.

De tout cela il découle que les récoltes sont toujours excellentes et les rendements très élevés.

Dans cette thèse nous étudierons spécialement :

1° Les avantages et les inconvénients que procurent les industries à la culture.

2° La situation des cultivateurs vis-à-vis des fabricants de sucre.

3° Les spéculations animales les plus avantageuses à entreprendre en vue de la production du fumier.

Première Partie

GÉNÉRALITÉS

CHAPITRE PREMIER

Situation topographique

La ferme que nous allons décrire est sise dans la commune de Gavrelle, à 10 kilomètres au Nord-Est d'Arras, sur la route nationale n° 50 d'Arras à Douai.

Elle est exploitée par M. Jean Lequette ; c'est une propriété de famille.

Gavrelle se trouve dans l'arrondissement d'Arras et le canton de Vimy.

La situation de l'exploitation, au point de vue des communications par routes, est excellente, puisqu'elle se trouve sur une route nationale où aboutissent une quantité de chemins de grande communication, chemins vicinaux et chemins d'intérêt communal qui donnent accès aux villages voisins.

Au point de vue des communications par chemin de fer, la ferme est peut-être moins favorisée, mais elle a encore une très bonne situation.

La station la plus proche de l'exploitation est celle de Rœux, à 3 kilomètres, située sur la ligne Paris-Lille par Amiens, Arras, Douai, où s'arrêtent de nombreux trains omnibus.

Dans une autre direction, à 4 kilomètres, se trouve la halte de Bailleul-Sire-Berthoult, sur la ligne Paris-Dunkerque, par Arras, Lens, Béthune, Hazebrouck.

Voici les localités les plus importantes voisines de l'exploitation :

Arras : 10 km.
Douai : 15 km.
Lens : 12 km.
Hénin-Liétard : 12 km.
Vitry-en-Artois : 7 km. 500.

CHAPITRE II

MILIEU ÉCONOMIQUE

La ferme se trouvant dans une région de culture, à proximité de centres industriels importants, a une situation économique qu'envieraient beaucoup de cultivateurs exploitant dans une région purement agricole.

Tous les achats et ventes peuvent, en effet, s'effectuer dans la région :

Achats d'engrais, à Auby ou chez Bar-Delval, à Flines-lez-Raches (Nord).

Achats de semences dans les maisons Florimond Desprez, à Capelle, ou Legland, à Flines-les-Raches.

Achats de tourteaux aux huileries d'Arras.

Achats de bestiaux sur les marchés et foires de la région.

Pour les ventes, la situation est encore plus avantageuse :

Betteraves sucrières aux nombreuses sucreries de la région : Béghin à Thumeries et Corbebem, Dujardin à Seclin, sucrerie et distillerie de Courrières.

Grains aux minoteries d'Arras et Vitry-en-Artois et aux brasseries et malteries des grosses agglomérations.

Bestiaux de boucherie enfin dans les centres industriels.

Nous trouvons, en effet, d'une part, à une distance de 10 à 20 kilomètres au Nord, le bassin houiller du Pas-de-Calais, exploité par de nombreuses compagnies minières qui embauchent une population de plus en plus importante offrant de sérieux débouchés. D'autre part, plus à l'Est, nous trouvons également les industries métallurgiques de Douai et les industries textiles de Lille, Roubaix, Tourcoing, qui offrent des débouchés non moins importants.

Cependant, si la proximité des centres industriels apporte aux cultivateurs des avantages au point de vue des débouchés, elle n'est pas sans inconvénients, en particulier pour la main-d'œuvre.

Personnel

Les industries embauchant un personnel toujours croissant, font beaucoup de tort à la main-d'œuvre agricole. L'extension de l'industrie dans une région contribue certes à sa prospérité, mais elle nuit cependant à sa culture.

« Vouloir établir des manufactures dans la campagne, c'est vouloir soutirer par l'appât du gain les bras employés à l'agriculture ; c'est accroître les salaires précisément dans les mêmes proportions. Partout où l'agriculture fleurit, il est dangereux que l'industrie attire les forces du travailleur (1). »

---

(1) Gilbert. — Mémoires pour la province d'Artois.

Les jeunes ouvriers des campagnes sont attirés en effet par les hauts salaires de l'industrie et les huit heures de travail, et ils préfèrent généralement ce genre de labeur, bien que pénible, aux travaux des champs qui les occuperaient toute la journée.

Les jeunes gens commencent donc souvent à travailler à l'usine à l'âge de quinze ans, et leur situation établie, ils quittent définitivement la campagne dès qu'ils fondent un foyer.

Cet exemple est frappant, et rares sont les ouvriers qui, ayant travaillé à l'usine, reviennent aux travaux des champs.

Si cette tendance d'émigration s'accentuait, la situation du cultivateur pourrait devenir alarmante. Heureusement, la crise de main-d'œuvre ne se fait pas encore trop sentir à Gavrelle, qui est relativement éloigné des usines, et le personnel fixe se recrute assez facilement.

Quant au personnel saisonnier, le recrutement est un peu plus difficile, et on est souvent obligé d'avoir recours à la main-d'œuvre étrangère.

Dans une telle situation, le cultivateur est obligé de rendre l'existence des ouvriers aussi enviable que possible, s'il veut les conserver.

Il est certain que le cultivateur ne pourra jamais donner à un charretier qui n'a qu'à mener ses chevaux un salaire fixe aussi élevé que celui d'un ouvrier mineur ou métallurgiste qui doit fournir un travail pénible et intense ; mais il peut favoriser la situation de l'ouvrier agricole de bien d'autres manières :

1° En lui donnant un logement confortable.

2° En l'intéressant à son travail par des primes.

3° En le faisant bénéficier des produits de la ferme et en lui donnant un coin de terre à cultiver.

De cette façon, la rétribution de l'ouvrier agricole peut être sensiblement équivalente à celle de l'ouvrier d'usine, mais malheureusement elle sera moins bien prisée parce que le salaire fixe sera moins élevé.

Le personnel fixe de la ferme comprend :

    5 charretiers,

    1 homme de cour,

    1 berger,

    3 femmes.

Tout ce personnel est payé à raison de 20 francs par jour pour les hommes et de 12 à 15 francs pour les femmes.

Le salaire à la journée est bien préférable à celui payé au mois. De cette façon, les ouvriers ne cherchent pas à s'absenter et leur gain est absolument proportionnel aux journées de travail.

En plus du salaire fixe, les ouvriers reçoivent des primes pour « l'août » et la campagne de betteraves, et le berger touche 1 franc de prime par bête vendue.

Les ouvriers mariés reçoivent, d'autre part, une parcelle de terre qu'ils peuvent cultiver, et 10 ares pour plantation de pommes de terre, dont les travaux se font avec les chevaux et le matériel de la ferme.

Le personnel saisonnier est constitué par sept ou huit ouvriers embauchés pour la moisson et la campagne de betteraves. Ces ouvriers sont

payés à la journée pendant « l'août » et à la tâche
pour les betteraves.

Pendant la moisson, pour que les ouvriers ne
cherchent pas à s'absenter, un excellent moyen est
de les payer à raison de 25 francs par jour et
10 francs par demi-journée. De cette façon, ils ont
avantage à travailler des journées entières et leurs
absences sont très rares.

La majorité du personnel est logé, mais aucun
n'est nourri. Cinq maisons, dont quatre de deux
pièces et une de quatre pièces, sont mises gratui-
tement à la disposition des ouvriers. Il est évident
qu'il est impossible de louer les maisons aux
ouvriers, si peu que ce soit, car un ouvrier renvoyé
de la ferme ne pourrait pas être mis hors de la
maison sans difficultés.

CHAPITRE III

GÉOLOGIE

———

Gavrelle, situé au Nord-Est d'Arras, se trouve au Sud d'une ancienne région naturelle comprise entre Arras et Lens, appelée la Gohelle.

« La Gohelle paraît être, comme l'Arrouaise et la Thelle, un ancien territoire forestier qui s'étendait sur Acheville, Aix, Arleux, Bois-Bernard, Bouvignies, Boyeffles, Builly, Drocourt, Fresnoy, Gavrelle, Givenchy, Gouy, Servins, Hersin, Noulettre, Rouvroy, Sains, Wimy (1). »

On trouve, en effet, dans cette région, encore beaucoup de lieuxdits « en Gohelle » : Givenchy-en-Gohelle, Arleux - en - Gohelle, Fresnoy-en-Gohelle, etc.

« Tout ce territoire de craie nue, boueux en hiver et rocailleux en été, tour à tour détrempé par les pluies et brûlé par le soleil, qu'on appelait la Gohelle, contrastait avec les plaines limoneuses d'Arras, couvertes de riches récoltes ; mais depuis cinquante ans, le travail humain l'a transformé ; ses récoltes ne le cèdent pas aux plus belles (1). »

Actuellement, les terres de la région constituent les meilleures d'Artois. D'après Tribondeau, les

———

(1) Albert Demangeon. « La Picardie et ses régions voisines » 1885.

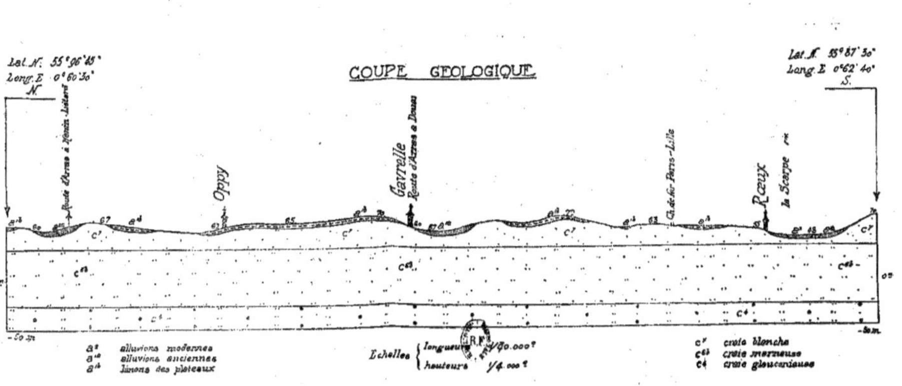
COUPE GEOLOGIQUE
Lat. N. 55°96'45"
Long. E 0°60'30"
N.
Lat. S. 55°57'30"
Long. E 0°62'40"
S.
Route d'Arras à Hénin-Liétard
Oppy
Garrelle
Route d'Arras à Douai
Ch. de fer Paris-Lille
Rœux
la Scarpe riv
50 m
0 m
- 50 m
Échelles { longueurs 1/40.000°
{ hauteurs 1/4.000°
a² alluvions modernes
a¹º alluvions anciennes
a^h limons des plateaux
c² craie blanche
c^4b craie marneuse
c4 craie glauconieuse

terres d'Artois peuvent se diviser, en effet, en trois classes, et Gavrelle serait situé en première classe.

« La première classe comprend tout le terrain qui se trouve à droite de la grand'route depuis Bapaume et surtout depuis Arras jusqu'auprès de Calais. Le sol est bon, les engrais abondants, les graines grasses et les prairies artificielles sont cultivées avec soin et intelligence. Peu de jachères (1). »

Ces passages décrivent parfaitement la bonne région de culture dans laquelle nous nous trouvons, et nous pouvons dire que depuis que ces articles ont été écrits la culture s'est encore améliorée et la jachère, par exemple, a complètement disparu.

En ce qui concerne directement le terroir, nous constatons sur la coupe géologique que la majorité des terres sont situées sur les assises du limon des plateaux et des alluvions anciennes qui reposent sur la craie blanche. Le reste des terres est constitué par des affleurements de craie blanche n'apparaissant sur les pentes que sous forme de lambeaux.

Au-dessous de la craie blanche, nous trouvons la craie marneuse, qui a l'imperméabilité nécessaire pour fournir les nappes aquifères suffisantes à l'alimentation des puits. Le puits de la

---

(1) Tribondeau dans « Monographie agricole du Pas-de-Calais », 1904.

B. B.

ferme se trouve sur cette assise, à 17 mètres de profondeur.

Voici maintenant les caractères de la terre arable située sur les différentes assises.

Limons des plateaux

Les limons appelés vulgairement « terre franche », « terre à briques », de nature très argileuse et exempts de cailloux, forment d'excellentes terres de culture et en particulier des terres à betteraves. Ils portent la plus grande partie des terres de la ferme.

La craie blanche, très perméable, qui leur est sous-jacente, corrige parfaitement leur nature compacte en empêchant l'humidité de séjourner à la surface du sol.

Les limons donnent alors une terre meuble, relativement facile à cultiver, où les plantes peuvent développer aisément leurs racines sans trouver d'obstacles.

Cependant, si les limons sont généralement excellents, ils n'ont pas partout la même nature. Quand leur épaisseur est d'environ 40 centimètres, la craie joue un grand rôle sur leurs propriétés ; ils se laissent aisément traverser par les eaux pluviales et se dessèchent assez facilement. De plus, l'infiltration rapide des eaux chargées de CO_2 entraîne une certaine quantité de chaux qu'il est nécessaire de restituer au sol dans la suite, par des amendements calcaires.

Quand le limon atteint 0^{m}80 à 1^m, c'est là qu'il

est le meilleur ; il est un peu plus complet, mais se tient plus frais et la décalcification est moins intense.

Au point de vue chimique, les limons sont naturellement très riches en K'O, tandis qu'ils sont souvent pauvres en P'O'. La richesse en azote est bonne, mais comme cet élément n'a pas une grande fixité, on est obligé de l'apporter en grande quantité dans les fumures.

Alluvions anciennes

Une grande partie des terres de la ferme (45 hectares environ) est située sur les alluvions anciennes.

Ces alluvions ayant à peu près les mêmes caractères physiques et chimiques que les limons, atteignent à certains endroits une profondeur de plusieurs mètres et constituent une terre de premier ordre.

De nature encore un peu plus fraîche que celle des limons, elles favorisent particulièrement la culture de la betterave qui rend alors au maximum.

Les alluvions anciennes portent également les quelques hectares de prairies naturelles de la ferme qui sont là dans les meilleures conditions de production.

Craie blanche

7 à 8 hectares seulement sont situés sur la craie blanche, le long de la route nationale d'Arras à Douai.

Ce lambeau de craie blanche supporte certainement les terres les moins fertiles de la ferme ; néanmoins, comme le terrain n'a pas une pente très accentuée, l'érosion n'agit pas beaucoup sur la couche arable, qui, fortement amendée et fumée, s'améliore sans cesse.

Ces terres, bien que grandes consommatrices de fumier, à cause de la rapidité de la nitrification qui s'y opère en présence de la chaux, fournissent quand même de très bons rendements, surtout en céréales, pendant les années humides.

En année sèche, ce sont des terres brûlantes, où les céréales et les betteraves ne végètent que médiocrement.

Les prairies artificielles y réussissent généralement bien et en particulier la minette.

Amendements

Le seul amendement qu'il soit utile d'apporter à la plupart des terres est bien entendu l'amendement calcaire.

Pendant les quelques années qui ont suivi la guerre, il n'aurait pas été utile d'apporter du calcaire aux terres. Celles-ci, bouleversées en effet par les tranchées et les obus qui pénétraient souvent jusqu'à la craie blanche, se sont trouvées amendées naturellement, et parfois d'une façon plus copieuse qu'elles n'auraient dû l'être.

Cependant, dans quelques années, les terres les moins bouleversées auront certainement besoin d'être amendées. L'amendement le plus économique sera probablement au moyen des écumes de défécation des sucreries les plus proches.

CHAPITRE IV

CLIMATOLOGIE

___

Température

L'arrondissement d'Arras, comme tout l'Artois en général, jouit d'une température relativement douce, due au voisinage de la mer. Les variations excessives sont inconnues et la température moyenne relevée à Arras arrive à + 8°5, le nombre de journées dépassant + 25° s'élevant à 28.

Vents

Les vents dominants sont dans la région ceux du Nord-Ouest en hiver et du Sud-Ouest en été. On le remarque facilement rien qu'à la position des arbres et en particulier des peupliers, presque tous inclinés vers l'Est.

Cependant, au printemps, on constate assez fréquemment des vents du Nord et quelquefois de l'Est ; ce sont les plus froids. Ils sont assez dangereux pour le cultivateur, car ils produisent des gelées brusques qui attaquent les céréales au départ de la végétation. Les céréales doivent donc être semées dans un sol motteux, afin de les préserver le plus possible de la gelée.

Les vents du Sud sont assez fréquents en été, mais peu stables ils obliquent rapidement vers le Sud-Ouest en amenant la pluie.

Les vents de l'Est qui surviennent en été sont très secs, ils annoncent une belle période.

Pluies

Le climat artésien est assez pluvieux, particulièrement vers le Nord, à cause du voisinage de la Manche et de la mer du Nord. Le ciel est souvent menaçant et les petites ondées sont fréquentes. Le nombre des jours pluvieux que l'on relève annuellement est considérable ; on en compte 207 à Arras et le pluviomètre indique dans tout l'Artois une quantité d'eaux pluviales supérieure à 0^m750.

Saisons

L'hiver est, dans la région, plutôt une saison de pluies qu'une saison froide ; la température est à peu près régulière et les froids violents qui peuvent survenir sont généralement peu durables.

On reproche plutôt à l'hiver d'avoir une température trop douce et de ne pas donner ce qu'on attend de lui : la destruction des insectes, des plantes adventices, et la pulvérisation de la terre.

Les neiges, assez rares, ne persistent jamais longtemps ; mais si l'hiver est une saison à peu près uniforme, le printemps réunit toutes les incertitudes possibles. Les alternatives de chaleur et de petites gelées sont fréquentes et la pluie est généralement désirée pour uniformiser le climat.

C'est en grande partie de cette saison que dépend la réussite des cultures.

Le climat se régularise quelque peu vers la mi-mai, et l'été présente une température à peu près constante.

Les pluies, assez fréquentes, provoquent souvent un développement foliacé exagéré des céréales, exposées alors à la verse. On est même obligé d'exécuter rapidement la moisson pour rentrer la récolte dans de bonnes conditions.

Les fortes chaleurs sont peu connues, mais quand elles surviennent vers la fin juin elles provoquent l'échaudage des blés, surtout s'ils ont poussé assez fort en vert.

L'automne offre généralement une température clémente, mais c'est essentiellement la saison des brouillards et des gelées blanches. Cette saison apporte souvent les conditions nécessaires à l'arrachage des betteraves en humectant le sol ; mais parfois, quand elle est trop humide, elle rend les charrois difficiles, la campagne de betteraves se prolonge, labours et semailles de blé sont retardés.

Les brouillards, pas trop épais, se condensant dans les vallées, le long des rivières, sont souvent un présage de beau temps.

Un proverbe artésien dépeint parfaitement ce qu'annoncent des brouillards :

> Du brouillard dins chés marais
> Ch'est du biau temps pour chés varlets.

En résumé, le climat est à peu près uniformément doux et humide pendant toute l'année. Le printemps seul présente des variations.

CHAPITRE V

Destruction de la Ferme
pendant la guerre de 1914-1918

Son rétablissement

Pendant la guerre, la région où est sise la ferme a été le siège de batailles incessantes, et le village de Gavrelle a subi des heures particulièrement tragiques pendant les deux dernières années.

Gavrelle se trouve en effet entre Arras et Douai, dans l'axe des fameuses collines d'Artois de Notre-Dame-de-Lorette, Mont-Saint-Eloi, Wimy, Carency, Givenchy, Souchez, Ablain-Saint-Nazaire, qui ont été si célèbres.

Entièrement fortifié par les Allemands pendant les deux premières années de guerre, Gavrelle fut délivré par les Anglais le 23 avril 1917, après de terribles combats.

Les Anglais s'y maintinrent malgré huit offensives des Allemands, qui engagèrent sur ce seul point sept divisions en vingt-quatre heures.

Tombé à nouveau entre les mains des ennemis en mars 1918, il fut définitivement repris par les Canadiens de la Ire Armée britannique, le 26 août 1918.

Ayant été le théâtre de batailles aussi terribles, on conçoit que Gavrelle ait été particulièrement touché par la guerre. Le village, entièrement rasé, n'était plus qu'un monceau de ruines, et les terres bouleversées par les obus et les tranchées étaient jonchées d'explosifs et de réseaux de fils barbelés. Le terrain était dans un tel état qu'il fallait véritablement l'aimer pour entrevoir son rétablissement.

M. Lequette rentra à Gavrelle un des premiers aussitôt sa démobilisation et entreprit la réorganisation de sa propriété.

Les premiers travaux de déblaiement et de nivellement furent exécutés par des équipes d'artificiers et de terrassiers payés par l'Etat ; mais ces travaux furent sommaires et après le passage des équipes de l'Etat le sol était encore assez tourmenté et même encore jonché de morceaux de fils barbelés.

C'était donc alors au cultivateur à entreprendre le rétablissement de son exploitation : tâche qui était encore très pénible. A ce moment, comme les bâtiments étaient représentés par de misérables baraquements, on ne pouvait guère songer aux chevaux comme éléments de traction. Ils auraient été sans cesse exposés aux blessures par les fils barbelés et on aurait été obligé de se **procurer** une quantité d'aliments à des prix inabordables.

Etant donné l'étendue des terres à travailler, on ne pouvait songer qu'au tracteur. Il pouvait, en effet, se loger sous un abri rudimentaire, et l'essence et l'huile nécessaire à son fonctionnement se trouvaient facilement dans les différents dépôts de l'armée.

Le tracteur sur lequel on devait fixer son choix devait être :

1° Robuste, parce que le sol ne présentant encore qu'une surface assez irrégulière le nécessitait.

2° Puissant, parce que les travaux à exécuter (labours profonds, extirpage des fils de fer barbelés) demandaient une grande force, et qu'il fallait pouvoir passer partout, même dans les endroits défoncés par les obus.

3 Très adhérent au sol sans le tasser, en raison du mauvais état du terrain et de la plasticité relative des terres.

4° Facile à conduire, car on ne pouvait avoir un personnel spécialisé pour ce genre de travail.

Après avoir passé en revue les différents tracteurs qui étaient alors dans le commerce, on fixa son choix sur le 25 CV. Renault à chenilles, type HI.

Ce tracteur présentait toutes les qualités voulues pour le travail qu'on attendait de lui.

Il était excessivement robuste, puissant, très adhérent par sa grande surface de contact avec le sol, sans toutefois le tasser. Il était enfin facile à conduire, puisque la direction se donne par deux freins agissant sur l'une ou l'autre chenille.

De plus, ce tracteur avait l'avantage de passer facilement sur les fils barbelés sans que ceux-ci s'enchevêtrent autour de ses organes de locomotion.

Ce tracteur effectua donc les travaux nécessaires et on acheta dans la suite des chevaux au fur et à mesure de la remise en état des terres.

Tous ces travaux étaient évidemment payés sur

dommages de guerre, mais ils ont été très pénibles. On risquait en effet sa vie sur le terrain qui recélait encore de nombreux explosifs et on était obligé d'avancer beaucoup d'argent, car on ne pouvait attendre les paiements de l'Etat, qui n'arrivaient pas assez rapidement.

Quant aux bâtiments de la ferme, ils ont été reconstruits par la Coopérative de Gavrelle et payés en grande partie sur dommages de guerre.

Malheureusement, ces dommages de guerre n'ont jamais permis de récupérer toutes les pertes subies et le rétablissement de l'exploitation a été un problème très difficile, car on hésitait toujours à se livrer à de grosses dépenses dont on n'était jamais sûr d'être remboursé.

Deuxième Partie

CULTURES

CHAPITRE PREMIER

ASSOLEMENT

L'exploitation s'étend actuellement sur une superficie de 126 hectares, dont 4 hectares 25 seulement sont en prairies naturelles.

Les terres de culture, toutes aux alentours de l'exploitation, ne sont pas trop morcelées. Sur 120 hectares de culture, on compte 25 parcelles, dont la majorité a une superficie de 15 mesures (1) environ ; quelques-unes offrent une superficie supérieure, la plus grande pièce étant de 52 mesures et 8 à 10 parcelles ont moins de 4 mesures.

Les terres étant de très bonne qualité et par conséquent de prix élevé, on est obligé de les faire produire en proportion de leur valeur et le sys-

----

(1) L'unité de surface employée dans la région étant la « mesure » de 42 ares 91, nous nous exprimerons assez souvent en mesures pour donner des chiffres plus exacts.

tème cultural employé ne peut être que la **culture intensive.**

L'assolement est donc de courte durée et les apports d'engrais sont fréquents et abondants.

Les cultures pratiquées avec succès sont :

Plantes sarclées :

Betteraves sucrières, betteraves fourragères, pommes de terre.

Céréales :

Blé, avoine, escourgeon.

Fourrages :

Luzerne, lentilles.

L'assolement adopté est le classique assolement triennal :

Première sole :

Betteraves, pommes de terre.

Deuxième sole :

Blé.

Troisième sole :

Avoine.

Hors-sole :

Escourgeon, fourrages.

Cependant, si l'assolement triennal est pris comme modèle, il ne peut pratiquement être suivi rigoureusement et on le modifie suivant les circonstances. Nous ne nous attarderons donc pas à donner un assolement détaillé avec les superficies exactes de toutes les cultures, qui risquerait fort de ne pas correspondre toujours à la réalité.

Pour donner une idée de la répartition des cultures dans cette exploitation, voici celle de 1925-1926 :

Betteraves sucrières...	64	mesures
Betteraves fourragères.	6	»
Pommes de terre......	2	»
Blé	90	»
Avoine	75	»
Escourgeon	20	»
Lentilles	6	»
Dravières	5	»
Luzerne	13	»

Total........ 281 mesures ou 120 ha. 57

Diverses circonstances influent sur l'étendue des cultures :

1° Les circonstances économiques, qui font que certaines années telle culture paraît plus avantageuse que telle autre.

2° La nature des terres ; les terres les plus meubles et les plus profondes seront préférées pour la culture des plantes à racines pivotantes, tandis que les terres moins profondes seront plus indiquées pour les plantes à racines traçantes.

3° La dimension des parcelles. Il est évident qu'on ne peut pas morceler des parcelles sous prétexte de conserver un assolement strictement régulier. Les grandes pièces seront préférées pour les cultures importantes (betteraves, blé, avoine), tandis que les pièces de dimensions plus réduites portent des cultures secondaires.

4° La situation des pièces sur le terroir. Les parcelles sises au bord des routes et des chemins sont préférées pour la culture de la betterave à celles qui sont noyées dans les terres. Les charrois deviennent ainsi plus faciles.

5° Enfin, le climat, qui ne permet pas toujours de semer une plante à un moment déterminé, et oblige, quand le temps est devenu plus favorable, à la culture d'une plante de remplacement.

De même que si un hiver rigoureux vient à détruire une céréale d'hiver (blé ou escourgeon), on substitue au printemps une autre céréale (avoine ou orge).

Les circonstances qui peuvent influer sur l'étendue des différentes cultures sont multiples et nous n'avons cité ici que les principales.

Il en découle qu'il serait difficile de vouloir appliquer à une exploitation un assolement rigoureusement fixe, quand, au contraire, la condition primordiale d'une bonne réussite en agriculture est de savoir modifier l'étendue de ses cultures suivant les circonstances.

But de l'assolement triennal

Le but que l'on poursuit en soumettant les cultures à l'assolement triennal est :

1° De faire succéder les plantes nettoyantes aux plantes salissantes.

2° D'alterner les plantes à racines traçantes avec celles à racines pivotantes.

3° De ne pas faire revenir trop souvent la même culture sur la même terre, afin d'empêcher le développement des maladies parasitaires et des insectes nuisibles.

4° De répartir autant que possible sur toute l'année les travaux culturaux, afin d'occuper régulièrement le personnel et de ne pas laisser chaumer les attelées.

5° De produire une quantité d'aliments suffisants au bétail à entretenir, et d'employer efficacement son fumier.

L'assolement répondant à ce but assure la bonne marche de l'exploitation.

<hr>

CHAPITRE II

PLANTES SARCLÉES

Betteraves sucrières

Cette culture étant encore aujourd'hui considérée comme indispensable pour entretenir les terres dans un parfait état de propreté, d'autre part les terres profondes et fertiles de l'Artois lui convenant parfaitement, la betterave sucrière occupe dans les exploitations une place prépondérante.

Cette plante occupant une grande partie des terres de culture a amené la création d'un nombre important de sucreries et distilleries. Les débouchés sont donc assurés, mais malheureusement ils deviennent de nos jours assez peu avantageux.

Avant la guerre, la culture de la betterave sucrière était très rémunératrice, mais aujourd'hui, à cause des marchés de plus en plus exigeants des sucreries et de l'augmentation continuelle des salaires ouvriers, on se demande chaque année si le payement de la récolte couvrira les frais de culture.

Les conditions exigeantes des sucriers d'aujourd'hui sont surtout dues à ce que la concurrence entre les fabricants s'est réduite depuis la guerre.

La guerre a, en effet, détruit toutes les sucreries

et, aussitôt après, les firmes les plus importantes, disposant de gros capitaux, ont reconstruit les premières leurs usines. Les cultivateurs n'ayant pas de choix, ont donc tous été obligés de leur livrer leurs betteraves. Ayant alors réalisé de gros bénéfices, elles achetèrent dans la région toutes les petites sucreries qui n'étaient pas encore reconstruites, soit pour en bâtir de plus importantes, soit pour rendre impossible leur rétablissement par d'autres sociétés et détruire ainsi la concurrence.

En conséquence, les fabricants de sucre peuvent acheter les betteraves à peu près au prix qu'ils désirent.

Il est vrai cependant que les exigences des sucriers, et surtout des distillateurs, sont un peu liées à celles de l'Etat, qui ne fixe les prix des alcools qu'après la fabrication. Le fabricant est donc obligé de modérer les prix de ses achats pour parer aux nombreux risques qu'il peut courir.

Néanmoins il est certain que les grosses sucreries, qui ont des frais généraux réduits, réalisent d'importants bénéfices.

La preuve en est que de nombreux fabricants achètent actuellement des terres et des fermes, qu'ils louent ou font gérer par des cultivateurs qui sont tenus de planter chaque année au moins le tiers de leurs terres en betteraves sucrières. Dans de telles conditions, les cultivateurs sont obligés, pour avoir des contrats avantageux, de lutter constamment contre les sucriers par l'intermédiaire des groupements professionnels. Le groupement auquel appartient M. Lequette est la « Fédération catholique des agriculteurs de l'arrondissement d'Arras » qui, dirigé par M. l'abbé Leroy, a son siège à Arras.

Ce groupement a fait de nombreux adhérents depuis sa fondation et il commence à devenir très influent auprès des fabricants.

CULTURE

La superficie cultivée chaque année en betteraves sucrières varie entre 27 et 32 **hectares**, suivant les circonstances.

FUMURE

Les betteraves constituant la tête de l'assolement reçoivent une fumure copieuse, afin d'assurer non seulement leur développement, mais encore celui des cultures suivantes.

La dose d'engrais apportée à l'hectare est la suivante :

Engrais organiques :
35 tonnes de fumier.

Engrais minéraux :
140 kilos d'Az.
50 kilos P^2O^5.
70 kilos de K^2O.

Les éléments minéraux sont apportés au sol sous forme de :

Nitrate de soude ou de sulfate d'ammoniaque, pour l'azote.

Superphosphates ou scories, pour le P^2O^5.

Chlorure ou sulfate de potassium, pour K^2O.

Cette dose est, comme nous pouvons le voir, très copieuse en Az. et P^2O^5, un peu moins en K^2O. Cela n'a pas beaucoup d'importance, car la richesse de la terre en K^2O peut compléter la fumure dans une certaine mesure.

En ce qui concerne l'époque de l'apport d'engrais au sol, nous pouvons dire que le fumier épandu pendant l'hiver est enfoui le plus tôt possible par le labour, afin d'éviter les déperditions d'azote ; que les engrais minéraux, potassiques et phosphatés sont distribués six semaines avant le semis, et les engrais azotés juste avant le semis ou en couverture. Ces derniers étant immédiatement assimilables par la plante, il importe de ne pas les semer trop tôt, afin d'éviter les pertes d'azote.

PRÉPARATION DU SOL

Dès que l'épandage du fumier est terminé, on exécute un labour de 0ᵐ15. Ce labour ne paraît pas profond pour les betteraves quand, dans l'Aisne, on voit faire de labours à 0ᵐ30, mais en Artois les labours profonds ne donnent pas d'augmentation sensible de rendement. On a donc tout avantage à faire des labours moyens, qui nécessitent une traction moindre. Avec un labour à 0ᵐ15, on a en outre l'avantage d'avoir une terre moins défoncée, qui rend les charrois moins pénibles et convient mieux au blé qui suit la betterave.

Le labour, comme il est exécuté à Gavrelle, reste brut pendant le reste de l'hiver et le sol n'est retravaillé qu'au printemps.

A ce moment, on commence par émotter grossièrement le sol par un ou deux passages de pulvériseur à disques. La terre ainsi émottée est encore travaillée par des hersages et roulages successifs juste avant le semis ; trois coups de herse, suivis chacun d'un roulage, sont généralement suffisants pour mettre le terrain en état d'ensemencement.

SEMIS

Les semis de betteraves ne sont pas tous exécutés à la même époque, afin de ne pas avoir toute la culture à démarier au même moment. Les premiers semis commencent au début d'avril et les derniers sont terminés pour la fin de mai. On emploie le semoir à lignes continues ordinaire. Il permet de semer assez clair et d'avoir des plants de bonne venue suffisamment écartés les uns des autres.

Le semoir à poquets, qui paraissait être très intéressant dès sa première apparition, a donné quelques mécontentements, entre autres celui de fournir des touffes trop drues. Les plants ainsi l'un sur l'autre s'étiolent et, lors du démariage, celui que l'on conserve, légèrement déchaussé par l'enlèvement des autres, souffre quelque temps. De plus, les bineurs montrent toujours de la mauvaise volonté à démarier des betteraves semées en poquets et se font payer plus cher.

La semence employée est de la « Vilmorin » sélectionnée fournie par les sucreries. La quantité employée à l'hectare est de 14 kgs. Elle a été payée 4 francs le kilo en **1926**.

BINAGES ET DÉMARIAGES

Lorsque les plants ont de deux à quatre feuilles, on procède au passage de la houe à cheval.

Les binages ont une grande répercussion sur la récolte et on n'en fait jamais trop.

« On fait le sucre à coups de houe. »

Les binages ont, en effet, un double but : d'abord ils débarrassent les betteraves des plantes adventices qui se nourrissent à leurs dépens, et ensuite ils aèrent le sol et l'empêchent de se dessécher en détruisant les conduits capillaires qui favorisent l'évaporation de l'eau.

On exécute donc autant de binages mécaniques que le temps le permet. La houe à cheval passe en moyenne deux à trois fois sur chaque pièce de betteraves. Quand les binages à la houe sont terminés, les betteraves sont binées et démariées à la main par des tâcherons recrutés parmi les gens du village quand on le peut. Ils sont payés 350 francs par hectare.

Le travail à la main se fait en deux fois : la première fois, les betteraves sont « placées » et la deuxième fois elles sont démariées et binées.

Au sujet du nombre de pieds que l'on doit laisser par hectare, des expériences très intéressantes ont été effectuées par M. Pertermann.

Vingt-quatre essais ont été effectués pendant quatre ans dans les divers sols du Cambrésis.

Chaque essai comprenait les parcelles suivantes :

1ʳ° parcelle.........	50.000	pieds à l'hectare
2° »	60.000	» »
3° »	70.000	» »
4° »	80.000	» »
5° »	90.000	» »
6° »	100.000	» »

Le résultat de ces essais a permis de **conclure** que c'était les parcelles de 80.000 à 90.000 pieds au démariage, donnant 70.000 à 80.000 pieds à l'arrachage qui rendaient les meilleurs résultats en poids et en densité.

On s'efforce donc d'obtenir des tâcherons qu'ils laissent huit à neuf pieds au mètre carré, afin d'obtenir un rendement maximum ; mais le plus souvent les tâcherons ne tiennent pas compte de ce qu'on leur dit et ne laissent que six pieds et demi à sept pieds par mètre carré.

Les tâcherons s'opposent généralement à laisser huit à neuf pieds par mètre carré : d'abord parce qu'ils ont l'habitude de démarier plus largement et ensuite, comme souvent ils procèdent à l'arrachage à la tâche des betteraves qu'ils ont démariées, ils tiennent à laisser le moins de betteraves possible par hectare.

ARRACHAGE

La récolte a lieu à partir de la fin de septembre, elle est effectuée assez souvent, comme nous l'avons dit précédemment, par les bineurs. Pour l'arrachage et le chargement, ils se font payer 20 à 30 francs de plus que pour les binages.

Lorsque le mois de septembre a été sec et que la terre est dure, les betteraves sont soulevées avec la « souleveuse » Bajac, afin d'activer le travail et de faire en sorte qu'il reste le moins possible de racines cassées en terre.

Les betteraves sont chargées dans des chariots à quatre roues d'une contenance de 5 tonnes environ. Ils sont sortis de la pièce à l'aide de six chevaux. Sur les routes, qui sont relativement plates, trois chevaux suffisent généralement pour la traction des chariots. Les betteraves sont livrées soit à une bascule des « sucrerie et distillerie de Courrières », en face de la ferme, sur la route nationale ; soit en gare de Rœux, à 3 kilomètres. pour les sucreries Dujardin ou Béghin.

RENDEMENT

Les rendements obtenus sur le terroir sont généralement très bons. Ils sont en moyenne de 33 tonnes à l'hectare et atteignent facilement 35 à 40 tonnes en bonne année. La densité moyenne est de 8°5 à 9°, mais cette dernière n'étant pas payée par les sucriers en proportion du poids des betteraves, on cherche avant tout à obtenir de hauts rendements et la question densité passe au second plan.

MARCHÉ DE BETTERAVES

Actuellement, les betteraves sucrières sont vendues à trois sucreries différentes :

Béghin, à Thumeries ou Corbehem ;

Dujardin, à Seclin ;

Société anonyme des Sucreries et Distilleries de Courrières.

Les marchés de ces trois sucreries sont à peu

près tous semblables et ils ne diffèrent souvent que par des petits détails.

En 1926, le cas général était le suivant :

« Le prix de la tonne des betteraves, poids net à 7°5 de densité, sera payé 70 % du prix du sucre.

« Le prix du sucre servant de base au règlement sera la moyenne des cotes mensuelles du sucre blanc n° 3 indigène Paris, établies sur le livrable des 3 de novembre pendant le mois d'octobre et sur le disponible pendant les mois de novembre, décembre, janvier, février, mars, avril, mai et juin ; la cote mensuelle de janvier étant diminuée de 2 francs, celle de février de 4 francs, celle de mars de 6 francs, celle d'avril de 8 francs, celle de mai de 9 francs et celle de juin de 10 francs, pour couvrir les frais d'entrepôt et autres.

« Le prix des dixièmes de densité au-dessus de 7°5 jusqu'à 8° sera de 0 fr. 80 pour 100 francs du prix du sucre.

« Le prix des dixièmes au-dessus de 8° sera de 1 franc pour 100 francs du prix du cours sans limite.

« Pour les dixièmes au-dessous de 7°5 et jusque 7°, on fera subir au prix de la tonne de betteraves une diminution de 1 fr. 20 pour 100 francs du cours du sucre.

« Les betteraves au-dessous de 7° pourront être refusées.

« 50 % de pulpes seront rendues franco gare ou quai, au prix de 22 francs la tonne.

« Les pulpes que l'on voudra avoir en supplément seront payées 32 francs la tonne jusqu'à 70 % du poids des betteraves livrées. Les paiements seront effectués à raison de 2/3 approximatifs à partir du 1er janvier et le solde en fin de marché. »

Nota : Pour s'assurer chaque année une quantité de betteraves suffisante, les fabricants obligent les cultivateurs à leur déclarer la superficie de betteraves qu'ils veulent leur livrer, et ils n'acceptent qu'une quantité de racines correspondant à un rendement de 25 à 35 tonnes à l'hectare.

Si le minimum de 25.000 kilos n'était pas atteint, le cultivateur subirait une perte de 3 francs par 1.000 kilos manquant, à moins qu'il demande l'expertise de sa récolte avant le 1er octobre.

Betteraves fourragères

La quantité de betteraves fourragères cultivée est de 2 à 3 hectares.

Cette racine est uniquement cultivée pour l'alimentation du bétail. Le rendement de l'étendue cultivée suffit pour faire entrer dans la provende donnée aux bovins d'engraissement une partie de betteraves égale à la partie de pulpes, soit 30 kilos environ par bête et par jour.

La variété cultivée est la Disette à collet rose, dont la semence est achetée chez Vilmorin.

Le nombre de pieds conservés par mètre carré est égal à celui de la betterave sucrière (6 1/2 à 7 pieds). Si les pieds étaient plus espacés, on aurait sans doute des betteraves plus grosses, mais plus aqueuses. Or le but que l'on poursuit en mélangeant la betterave aux pulpes de la ration des bovins est de diminuer la nature aqueuse des pulpes. On a donc tout intérêt à rechercher des betteraves les plus riches possible en matières sèches ; c'est ce que l'on obtient avec une plantation serrée.

Les façons culturales et la fumure sont exactement les mêmes que pour la betterave sucrière.

Le rendement moyen à l'hectare est de 50 à 55 tonnes.

CONSERVATION

La conservation des racines se fait en silo en plein air. Après la récolte, les betteraves sont amenées à proximité de la ferme. On les met en un tas long mais assez étroit (2 mètres de largeur à la base et 1^{m}50 de hauteur). Le tas est ensuite recouvert de paille, puis d'une légère couche de terre qui maintient la paille et empêche l'accès des eaux de pluie à l'intérieur du tas.

Tout autour du silo, on établit une rigole pour faciliter l'écoulement des eaux.

Afin d'empêcher l'échauffement des betteraves, on peut placer dans le centre du silo quelques fagots qui forment cheminée et permettent l'aération.

Les betteraves sont retirées de ce silo au fur et à mesure des besoins.

Pommes de terre

La pomme de terre est cultivée sur une étendue de 1 hectare environ, uniquement pour les besoins de la ferme et du personnel.

On ne retire donc aucun profit appréciable de cette culture. Lors de la récolte, les gros tubercules sont conservés pour la consommation et les petits pour l'alimentation des porcs.

CHAPITRE III

CÉRÉALES

BLÉ

Le blé, qui est la céréale la plus cultivée dans la ferme, constitue une culture rémunératrice.

L'emblavement annuel de 35 à 38 hectares a lieu autant que possible après les betteraves, et les blés de « défriche » sont l'exception. Les blés de « défriche » sont, en effet, toujours plus enherbés que les blés de betteraves, leur grain a un poids spécifique souvent moins élevé et ils sont exposés à la verse à cause de la grande quantité d'azote fixée dans le sol par les légumineuses.

VARIÉTÉS

Les variétés employées sont :

Hybride de la Paix.
>   hâtif inversable.
>   23.
>   Oscar Benoit.

Ces variétés à épis demi compacts conviennent très bien au terroir. De paille moyenne, elles sont résistantes à la verse et rarement atteintes par les maladies cryptogamiques.

Des variétés à épis compacts ne sont pas indiquées dans ce pays de climat plutôt humide, car quand la récolte n'est pas rentrée par un temps très sec, les grains sont exposés à germer.

Tous de création assez récente, les blés employés n'ont pas encore subi les effets de la dégénérescence et ils fournissent d'excellents rendements, avec un poids spécifique élevé. Comme tous sont alternatifs, ils ont un grand avantage de pouvoir être semés assez tardivement, sans que le rendement s'en ressente.

Généralement destinés à être vendus comme blés de semence, ils sont cultivés purs. Cependant, lorsque l'on veut produire des blés de meunerie, les variétés sont mélangées.

« Les blés mélangés donnent, en effet, toujours des rendements supérieurs à la variété la plus productive entrant dans le mélange. »

Cela peut s'expliquer de la façon suivante :

1° La manière de se nourrir varie avec chaque variété.

2° Lorsque le climat ne convient pas à une variété entrant dans le mélange, il peut convenir aux autres, qui progressent alors et rétablissent ainsi l'équilibre.

D'autre part, lorsqu'on mélange des variétés à grains de couleur différente (Hybride de la Paix), grain roux ; hâtif inversable, grain jaune pâle ; Hybride 23, grain jaune rouge), on obtient des blés panachés très appréciés en meunerie.

On cultive aussi quelquefois à la ferme le blé Cuirassier, qui donne, certaines années, d'excellents rendements. C'est un blé d'origine suédoise, tendre, à grain coloré, à paille raide, très résistant à la verse. Malheureusement, il est tardif et quand les chaleurs de l'été sont trop intenses il est facilement échaudé. C'est donc essentiellement un blé du Nord à cultiver en terre fraîche.

ENGRAIS — PRÉPARATION DU SOL

Les travaux de préparation du sol sont assez brefs avant le semis. Ils consistent en un labour à 0^m15 après l'arrachage des betteraves et un coup de herse juste avant le semis.

On apporte généralement au blé :

100 kilos de sulfate d'ammoniaque ou 100 kilos de nitrate à la mesure.

Le sulfate d'ammoniaque est épandu avant le labour ; quant au nitrate, il se met en couverture au printemps.

SEMIS

Les semis, effectués au semoir en lignes, ont lieu vers le mois de décembre. La quantité de semence employée est de 110 kilos par mesure. Plus les blés sont semés tardivement, plus la quantité de semence est importante.

Afin d'avoir une semence de bonne qualité et d'empêcher la dégénérescence, 4 à 5 quintaux de semences sélectionnées sont achetés chaque année chez Florimond Desprez, à Capelle (Nord), ou chez Legland, à Flines-lez-Raches (Nord). Cette quantité de semence sélectionnée est multipliée à la ferme et sa récolte fournit la quantité de semence suffisante à l'emblavement suivant.

Afin d'éviter les maladies cryptogamiques, la graine est traitée avant le semis par une solution de sulfate de cuivre.

La graine devant être traitée est mise en tas sur une aire en ciment et un homme remue les graines avec une pelle pendant qu'un aide les arrose avec la solution : 80 à 100 gr. de SO'CU dissout dans 2 litres d'eau chaude suffisent pour traiter un hectolitre de semences.

SOINS CULTURAUX

Au printemps, les blés sont roulés énergiquement pour rechausser la céréale et en favoriser le tallage.

Un peu plus tard en saison, lorsque l'on voit apparaître les fleurs de sanves, les blés sont sarclés à la main par des femmes ou des enfants. Le sarclage ne constitue pas seulement le simple échardonnage que l'on donne généralement aux blés, mais aussi l'arrachage de toutes les sanves et autres plantes adventices.

Cette opération paraît onéreuse *a priori,* cependant elle n'est pas d'un prix exagéré et l'augmentation de récolte résultant du sarclage paye largement les frais.

Il faut trois à quatre jours à une femme pour sarcler 1 hectare, ce qui fait une dépense maximum de :

15 francs $\times$ 4 jours = 60 francs par hectare.

L'essanvage par l'acide sulfurique reviendrait au moins aussi cher et aurait l'inconvénient de retarder la maturité de la récolte.

Le sarclage terminé, les blés ne reçoivent plus aucune façon avant la moisson.

MOISSON

En Artois, les blés arrivent à maturation vers le 15 juillet en moyenne. La moisson commencée donc à cette époque est généralement finie pour le début d'août quand le temps est beau et qu'il n'y a pas de blés tardifs.

Les moissons ne sont jamais détourées avant d'être coupées et les chevaux passent avec la lieuse dans la récolte pour le premier tour. Quand on a fait quelques tours avec la machine, les épis couchés par le passage des chevaux sont relevés à la pique et coupés par la lieuse dans le sens inverse de celui par lequel on a commencé la coupe.

Cette méthode paraît peut-être un peu vandale *a priori*, mais on fait ainsi une économie sur le temps et le personnel qu'on aurait employé au détourage, et les pertes subies sont insensibles en grande culture.

Les moissonneuses-lieuses employées ont une coupe à gauche de 1^m80 et sont munies d'un avant-train. La coupe à gauche employée dans la région est préférable à la coupe à droite. Comme on a l'habitude de mettre le cheval de cordeau à gauche, les tournants s'effectuent plus facilement.

La barre de coupe de 1^m80 est de beaucoup préférable. Les dimensions supérieures sont défectueuses en culture intensive, car les récoltes un peu fortes bourrent facilement dans le lieur.

Comme le pays n'est pas accidenté et que les pièces sont planes, l'avant-train est employé avantageusement pour éviter que les chevaux n'aient à supporter la machine.

La moisson coupée est ramassée immédiatement et mise en « monts » par des ouvriers payés à la journée.

Les monts comptent 23 bottes, dont quelques-unes sont disposées par-dessus, les épis en bas, pour empêcher l'entrée de l'eau à l'intérieur des gerbes.

Les monts ainsi formés peuvent supporter les intempéries sans subir de dégradation.

Aussitôt la moisson terminée, la récolte est chargée sur des chariots à quatre roues et rentrée à la ferme.

La plupart des gerbes sont mises en meules de 3.000 à 3.500 bottes et une petite partie de la récolte seulement est rentrée sous le hangar.

Comme la plus grande partie des battages a lieu entre la moisson et la campagne de betteraves, on a avantage à faire des meules ; d'abord parce qu'il est plus rapide de mettre des gerbes en meules que de les tasser sous un hangar ; ensuite parce qu'il est plus facile et plus agréable pour les ouvriers de battre en plein air que sous un toit où on est exposé aux courants d'air. Des meules de 3.000 à 3.500 bottes sont d'une bonne dimension, car elles peuvent être facilement battues en une journée de dix heures.

La récolte que l'on rentre sous le hangar n'est pas battue avant la campagne de betteraves et on la réserve pour occuper le personnel pendant les mauvaises journées d'hiver. Lors des battages, la paille est mise en meules et le blé en sacs de

80 kilos plutôt que de 100 kilos ; ils sont plus maniables et peuvent être portés par tous les ouvriers.

Tous les battages se font avec le matériel de la ferme, composé d'une batteuse Brouhot, équipée par un lieur genre « Massey » et actionnée par le tracteur 25 CV. Renault.

RENDEMENT

Les terres de la ferme conviennent très bien au blé et les rendements sont toujours excellents. Le rendement moyen obtenu est de 30 à 32 quintaux à l'hectare.

La récolte de 1926, qui pourtant a été déficitaire à cause des nombreux blés échaudés, a donné, à Gavrelle, un rendement moyen de 28 quintaux, avec un poids spécifique de 77 kilos à l'hectolitre.

DÉCHAUMAGES

Aussitôt que la moisson est charriée, les éteules sont déchaumés par un ou plusieurs coups d'extirpateur ou un coup de déchaumeuse à quatre socs.

Ce déchaumage a pour but :

1° D'amener les racines des plantes adventices à la surface du sol afin de les faire périr.

2° D'aider la germination des mauvaises graines, afin que le labour suivant n'enfouisse pas de graines munies de leur faculté germinative, qui pousseraient au printemps.

3° De favoriser l'entrée de l'air dans le sol et de faciliter l'infiltration des eaux pluviales.

Pour être efficaces, ces déchaumages doivent être faits le plus tôt possible après la moisson. Aussi lorsque le mauvais temps empêche de charrier la récolte, on commence à travailler entre les tas les éteules impropres au pâturage des moutons (éteules d'escourgeon).

VENTE DES BLÉS

La vente des blés est répartie en général sur les six mois qui suivent la moisson.

Trois catégories de blés sont vendues :

1° Des blés de variétés mélangées (blés panachés), vendus en meunerie au cours du jour.

2° Des blés de variété pure, vendus à des marchands de blés de semence (Florimond Desprez, Legrand, etc.), avec une prime de 10 à 20 francs par quintal, suivant le cours du jour.

3° Des blés triés au « Marot », vendus comme blés de semence, 60 francs au-dessus du cours, à des cultivateurs de l'Oise.

Avoine

La superficie cultivée en avoine chaque année est de 30 à 35 hectares.

A cause du climat qui peut être assez froid au début du printemps, il serait risqué de semer des avoines d'hiver et aussi ne sème-t-on que des avoines de printemps.

Cette plante, qui vient après le blé sur arrière fumure, profite encore un peu de la fumure de la betterave, mais la quantité d'éléments fertilisants disponibles serait insuffisante et on apporte chaque ânnée à l'hectare :

$$
\begin{array}{lr}
\text{Az.} \dots\dots\dots\dots\dots\dots & 20 \text{ kilos} \\
P^2O^5 \dots\dots\dots\dots\dots\dots & 40 \quad » \\
K^2O \dots\dots\dots\dots\dots\dots & 40 \quad »
\end{array}
$$

L'azote est apporté en couverture sous forme de sulfate d'ammoniaque ou de nitrate. Quant à l'acide phosphorique et à la potasse, ils sont généralement apportés sous forme d'un engrais composé à teneur égale en P^2O^5 et K^2O, tel que le 8-8 d'Auby.

VARIÉTÉ — SEMIS

La variété employée avec succès sur le terroir est la Victoire ou Séger. C'est une avoine à grain blanc jaunâtre, vigoureuse, très résistante à la verse et donnant d'excellents rendements.

Cette variété demi-hâtive n'est véritablement avantageuse que sur les sols riches comme ceux de l'Artois, car elle est assez exigeante.

Afin d'éviter la dégénérescence, quelques quintaux de semences sélectionnées sont achetés chaque année, et multipliés à la ferme; ils fournissent la quantité de semence nécessaire à l'ensemencement de l'année suivante.

Le semis se fait le plus tôt possible, au début de mars d'ordinaire, mais dès le 15 février quand le temps le permet.

L'avoine de printemps gagne toujours à être semée très tôt.

Avoine de février remplit le grenier.

La quantité de semence employée est de 100 litres par mesure, soit à peu près 120 à 125 kilos par hectare.

ESSANVAGE

En mai, quand les sanves commencent à apparaître, les avoines sont traitées à l'acide sulfurique.

Il ne serait pas avantageux de les sarcler, car les sanves sont souvent en trop grande quantité.

L'acide sulfurique est employé sous forme de solution à 10 % de SO^4H^2, à 53° B., épandue au moyen d'un tonneau pulvérisateur *à grand débit*. On emploie environ 1.000 à 1.100 litres de solution à l'hectare.

Dans l'essanvage, il vaut toujours mieux épandre une grande quantité de solution à faible dose, car une sanve à moitié attaquée persiste. Ce qu'il faut chercher avant tout, c'est de « baigner » les sanves.

L'acide sulfurique à 53° B. est acheté en bonbonnes à l'usine des Produits chimiques de Feuchy (7 kilomètres).

Les façons culturales de l'avoine sont les mêmes que celles du blé. La moisson commence vers la fin de juillet.

Le rendement moyen obtenu à la ferme est de 1.500 kilos à la mesure, soit environ 37 quintaux à l'hectare.

Une partie du grain de la récolte est conservé à la ferme, pour l'alimentation des chevaux, et l'autre partie est vendue à des marchands de semences avec une prime de 15 francs par quintal.

Nota : Toutes les pailles de blé et d'avoine sont utilisées à la ferme et la récolte de ces deux céréales suffit rarement aux besoins du bétail.

En 1926, 20 tonnes de paille ont été achetées à des cultivateurs voisins pour le prix de 175 francs la tonne.

Escourgeon

La superficie cultivée chaque année est de 7 à 9 hectares. Cette culture, placée après une avoine ou quelquefois un blé, ne reçoit aucun engrais.

L'escourgeon convient parfaitement au pays : d'abord parce que le climat plutôt humide lui est propice, ensuite parce que les terres riches procurent de grands rendements, et enfin parce que de très nombreuses brasseries forment un débouché facile et avantageux.

La variété employée est l'escourgeon d'hiver à six rangs. La plus répandue est l'escourgeon « Albert », d'origine allemande.

Les façons culturales employés sont les mêmes que pour toutes les céréales : déchaumage de la céréale précédente, labour léger, hersages, semis, roulages.

Quand la terre a été trop battue par les pluies d'hiver, on donne un hersage au printemps pour faciliter l'entrée de l'air et atténuer le dessèchement du sol.

Les semis de l'escourgeon ont lieu vers la fin de septembre et la récolte au début de juillet.

Le rendement obtenu à l'hectare est très bon : il oscille entre 32 et 35 quintaux.

Une grande partie du grain est vendue aux brasseries des environs ; une petite partie est cependant conservée à la ferme pour l'engraissement du bétail et surtout des porcs.

La paille inutilisable pour le bétail à cause des nombreuses barbes qu'elle contient est employée pour les pieds de meules et pour abriter les silos de betteraves fourragères. L'excédent est épandu sur les terres ou brûlé.

CHAPITRE IV

FOURRAGES

Les fourrages sont cultivés sur une surface relativement peu étendue et il arrive parfois que la récolte ne produit pas une quantité suffisante à l'alimentation du bétail. Cela n'a pas une **grande** importance pour la ferme, car beaucoup d'agriculteurs des environs cultivent souvent une grande quantité de fourrages dont ils cèdent volontiers une partie.

M. Lequette préfère récolter le plus possible de céréales et acheter ensuite les fourrages dont il a besoin.

Les équidés seuls consomment du fourrage. Or, si nous comptons que les chevaux mangent 10 kilos de fourrage par jour pendant toute l'année, la quantité de fourrage consommée annuellement peut s'évaluer à :

$$10 \text{ kilos} \times 20 \text{ chevaux} \times 365 \text{ jours} = 73.000 \text{ kilos}$$

On a donc besoin à la ferme de 73 tonnes de fourrage chaque année.

Luzerne

Il y avait, en 1925, 5 ha. 50 de luzerne en production.

La variété employée est la luzerne du pays (luzerne flamande). C'est la mieux acclimatée à la région et c'est aussi celle qui donne les meilleurs rendements sur les terres un peu fortes.

La luzerne est semée dans l'avoine au printemps, lorsque les gelées ne sont plus à craindre, c'est-à-dire vers la fin de mars ou le début d'avril.

Le semis se fait généralement à la main et les graines sont enfouies par une dent de herse. On emploie environ 17 à 18 kilos de semence par hectare.

La culture dure deux ou trois ans, suivant son envahissement par les plantes adventices ; mais elle atteint souvent son rendement maximum dans la première coupe de la seconde année.

Ce fourrage fournit deux coupes par an et un regain que l'on fait pâturer par les moutons.

Le rendement moyen d'une coupe peut s'évaluer à 800 bottes à l'hectare. Un hectare fournit donc annuellement 1.600 bottes de 5 kilos, soit 8.000 kilos de foin sec.

Le fourrage se fane le plus souvent en moyettes ou cabotins, ou alors en vrac, avec l'aide du râteau faneur.

Le fanage en cabotins est bien préférable au suivant, car la légumineuse s'effeuille ainsi beaucoup moins et le fourrage a une plus grande valeur nutritive. Malheureusement, il demande un assez nombreux personnel, dont on ne peut pas toujours disposer.

Hivernage

L'hivernage est constitué par un mélange fourrager composé de seigle et de lentilles.

Les lentilles forment le fourrage de base et le seigle est destiné à servir de support et à faciliter la coupe.

Ce mélange est coupé un peu avant la complète maturité du seigle, il donne un fourrage d'excellente qualité et très nourrissant, puisqu'il contient également les grains de seigle et de lentille qui sont bien formés au moment de la coupe.

Donné aux chevaux, il constitue une alimentation très forte qui leur donne beaucoup de sang et les soutient parfaitement pendant les durs travaux (moisson, campagne de betteraves).

Cependant, si ce fourrage est excellent, il ne faudrait pas en abuser ; il est très échauffant. Il ne peut entrer que pour la moitié dans l'affouragement pendant les travaux pénibles.

En 1925, on a cultivé 2 ha. 50 d'hivernage.

SEMIS

L'hivernage est semé à la fin de septembre ou au début d'octobre.

Le semis se fait à la volée et la quantité de graines épandues à l'hectare est de :

Lentilles	50 litres
Seigle	75 »

Le mélange ainsi compris n'est pas trop dense et peut fort bien être coupé avec une lieuse.

FAÇONS CULTURALES

Les façons culturales sont sommaires.

Après la moisson de la céréale précédente, on donne un labour léger ; on émotte la terre si elle en a besoin et le semis en fin septembre est suivi d'un hersage.

Au printemps, on roule pour rechausser le fourrage et en fin juin on peut récolter.

RÉCOLTE — RENDEMENT

En fin juin, quand le seigle est à peu près mûr, le fourrage a un aspect assez sec et on le coupe sans trop de difficultés à la lieuse. Au besoin, on fait suivre la lieuse d'un homme qui, avec un bâton, dirige la récolte sur le tablier.

La coupe terminée, les gerbes sont aussitôt mises en « monts » couverts, de 23 bottes. Les bottes sont serrées le plus possible les unes contre les autres, et quand le mont est bien fait, le fourrage subit une sorte de fermentation qui lui donne une teinte jaune dorée, ainsi qu'une grande souplesse de tiges. La récolte reste plus d'un mois sur place et elle n'est rentrée qu'au début d'août.

Le rendement obtenu s'élève à 2.000 bottes de 5 kilos à l'hectare, soit 10.000 kilos de foin sec.

La quantité de fourrage produite en 1925 a donc été de :

Luzerne : 5 ha. 50 × 8.000 kilos......... 44.000 kilos
Hivernage : 2 ha. 50 × 10.000 kilos....... 25.000   »

Total.................... 69.000 kilos

Puisque la quantité de fourrage dont on a besoin chaque année à la ferme est de 73.000 kilos, la récolte de 1925 ne fut déficitaire que de :

$$73.000 - 69.000 = 4.000 \text{ kilos.}$$

Ces quatre tonnes ne sont vraiment que peu de chose et il est très facile de se les procurer chez les cultivateurs voisins.

Dravières

Chaque année, M. Lequette cultive environ 2 hectares de dravières.

Ce sont des mélanges fourragers de printemps contenant de l'avoine, des pois gris ou des vesces destinés à servir de pâturage aux moutons depuis leur première sortie de la bergerie jusqu'à la moisson.

L'étendue des dravières paraît fort peu importante pour nourrir 300 moutons pendant trois mois; mais comme ces dravières sont généralement situées sur des terres très éloignées de la ferme, les moutons prennent la plus grande partie de leur nourriture le long des routes et ils ne font que la compléter sur les dravières.

CHAPITRE V

Prairies naturelles

Les prairies naturelles sont très rares en **Artois** et on se demande souvent quelle est la cause de ce manque presque total d'herbages.

Il y a à cela deux raisons :

La première est que la plupart des terres d'Artois sont des limons situés sur un sous-sol crayeux très perméable. Lorsque le limon a une certaine épaisseur (plus de 1 mètre), l'influence de la craie ne se fait pas beaucoup sentir, mais lorsqu'il devient moins épais, il ne contient pas, au milieu de l'été, l'humidité nécessaire à l'entretien des prairies naturelles. C'est ainsi que nous pouvons voir certaines pâtures avec une **végétation** abondante au printemps se dessècher rapidement vers la fin de juin et « griller » complètement en juillet.

La deuxième raison est qu'étant donné **la** richesse et la nature excellente des terres au point de vue cultural, la culture rapporte plus que l'élevage.

Ainsi le cultivateur ayant une grosse exploitation n'a pas le temps de mener de pair la culture intensive et l'élevage. Et le petit laboureur à qui les loisirs permettent de faire un peu d'élevage, préfère cultiver des fourrages artificiels, qui rap-

portent de gros rendements, plutôt que d'immo-
biliser une partie de ses terres avec des herbages.
Le fourrage est alors soit pâturé par des bêtes au
piquet, soit coupé et donné vert à l'étable.

Dans la ferme de M. Lequette, certaines terres
situées sur des alluvions anciennes pourraient
porter de très bonnes pâtures, mais elles rapportent plus en étant cultivées.

Il n'y a, dans l'exploitation, que 4 ha. 50 de
prairies naturelles qui portent pendant l'été quelques vaches laitières ou quelques jeunes bêtes à
l'engrais.

La fertilité de ces prairies est entretenue avec
du purin que l'on épand au sortir de l'hiver.

Troisième Partie

BÉTAIL

CHAPITRE PREMIER

BÉTAIL DE TRAVAIL

Les chevaux

La ferme dispose actuellement de 20 chevaux.

Cet effectif se divise en :

6 attelées de 3,

1 cheval pour le service de cour,

1 cheval de selle et voiture.

Le nombre d'attelées est suffisant pour l'exploitation, car dans le Nord de l'Artois il faut compter environ une attelée pour 20 hectares. Ce chiffre est également celui que l'on compte dans les Flandres, tandis qu'à mesure que nous descendons vers le Sud, le nombre d'hectares par attelée augmente sans cesse pour arriver à 30 et 33 hectares par attelée dans l'Oise. La cavalerie est composée d'une majorité de chevaux hongres et de quelques juments. Les juments ne sont jamais employées pour la reproduction.

RACE

La race préférée pour le travail est l'Ardennais Belge. Les principales raisons qui font préférer les chevaux de cette race à d'autres sont les suivantes :

1° Leur docilité et la puissance des sujets.

2° Leur grande rusticité et leur entretien commode.

3° La facilité avec laquelle on peut se procurer des sujets de cette race dans la région.

Actuellement, tous les chevaux ne sont pas de race Ardennais Belge : d'abord parce qu'après la guerre il a fallu reconstituer rapidement la cavalerie et se contenter des bons chevaux qu'on trouvait, sans attacher d'importance à la race ; ensuite parce que la Commission des dommages de guerre a fourni des chevaux allemands à titre de réparation. Il est difficile de déterminer la race des chevaux importés d'Allemagne ; ils sont, en effet, assez différents les uns des autres, mais en général ils sont grands, bien charpentés et constituent de bons travailleurs.

Parmi les chevaux de travail qui composent l'écurie, on peut actuellement signaler :

11 Ardennais Belges,

5 Allemands,

3 Percherons.

Le cheval de selle est un Normand genre cob.

RENOUVELLEMENT DE LA CAVALERIE

La cavalerie est renouvelée par des achats de chevaux de trois ans ou de poulains de dix-huit mois chez les marchands de la région ou aux marchés d'Arras et de Douai.

Ce mode de renouvellement des chevaux est le plus pratique pour une ferme de culture intensive où les chevaux travaillent fréquemment et à des travaux assez pénibles. Dans une ferme telle que celle-ci on ne peut, en effet, songer à l'élevage. L'élevage du cheval de trait doit être réservé aux herbagers et aux agriculteurs qui n'ont pas beaucoup de charrois à exécuter.

Lorsque les chevaux ont atteint l'âge de neuf à dix ans, ils sont revendus à des marchands ou directement à des petits cultivateurs qui n'ont pas besoin de chevaux dans la force de l'âge.

Les chevaux étant ainsi revendus avant usure, leur prix de vente est sensiblement égal à leur prix d'achat et il n'y a ni amortissement, ni plus-value sur la cavalerie.

ALIMENTATION

Les chevaux reçoivent journellement la ration suivante :

Avoine aplatie.........	17 à 18 litres
Coupage de luzerne..	10 kilos
Paille de blé..........	15 »

Lors de la moisson et des charrois de betteraves, quand ils ont à fournir un travail plus pénible, la ration est un peu modifiée. Elle est alors la suivante :

<pre>
Avoine aplatie.........   17 à 18 litres
Coupage de luzerne....   5 kilos
Coupage d'hivernage...   5   »
Paille de blé.........   15   »
</pre>

Cette ration est peut-être un peu échauffante, mais elle est nécessaire pour conserver les chevaux en bon état.

Dès que le travail est moins pénible, on reprend la ration ordinaire.

Il ne faudrait pas abuser du fourrage d'hivernage car, à cause de sa valeur azotée très élevée, il pourrait provoquer des coups de sang.

Les chevaux n'ont pas de boisson à l'écurie, afin de ne pas les laisser boire lorsqu'ils sont en sueur pendant l'été. Ils ne boivent qu'une heure environ après avoir mangé, avant de reprendre leur travail, dans une auge qui se trouve dans la cour.

Les chevaux sont ferrés sept à huit fois par an par le maréchal du village. La ferrure coûte 5 francs par pied.

Aux époques où les fers ne s'usent pas rapidement, les ferrures sont « replacées » dès que la corne s'est trop développée, afin que ces chevaux conservent toujours de bons aplombs.

Les harnais nécessitent 150 à 200 francs de frais d'entretien par mois, pour toute l'écurie. Leur amortissement doit s'établir sur cinq à six ans.

Les chevaux travaillent environ 250 jours par an.

Le bœuf de travail

On n'emploie pas de bœuf dans la région pour plusieurs raisons.

D'abord le système cultural nécessite des travaux rapidement exécutés.

Ensuite, à part les travaux de la campagne de betteraves (soulèvement de la récolte et charrois dans les terres), les façons culturales ne demandent pas une très grande puissance. Il n'y a, en effet, jamais de labours profonds, ni de défoncements.

En outre, si on avait des bœufs, ils ne travailleraient pas toute l'année et il faudrait créer de nouvelles prairies naturelles pour les entretenir pendant les moments de repos, ce qui ne serait pas avantageux.

Enfin, puisqu'on n'a pas l'habitude de travailler avec des bœufs, on trouverait difficilement des ouvriers aptes à les conduire.

CHAPITRE II

BETAIL DE RENTE

Bovins d'engraissement

La ferme de Gavrelle étant une exploitation de culture intensive à assolement de courte durée, où les betteraves sucrières forment la presque totalité de la première sole, il fallait trouver une spéculation animale qui utilisât les pulpes et en même temps fournît la quantité de fumier nécessaire à la fumure de la betterave.

Après avoir examiné les différentes spéculations animales et surtout les spéculations bovines, on adopta l'engraissement de bovins à l'étable pendant l'hiver.

En voici les raisons principales :

1° Puisque la ferme disposait d'une grande quantité d'aliments l'hiver et que, d'autre part, la quantité d'aliments disponibles en été était assez réduite, il fallait choisir une spéculation hivernale de préférence à une spéculation annuelle.

2° Parce que la production de la viande était toute indiquée dans une région proche des centres industriels importants où la population très dense fournit des débouchés si nombreux.

CHOIX DU SEXE

Le sexe choisi pour cette spéculation fut le sexe mâle.

De prime abord, il semble étrange que l'on choisisse le taureau comme producteur de viande, puisque d'après les zootechniciens les plus expérimentés l'émasculation est une chose presque nécessaire à la réussite dans l'engraissement. Cependant, après avoir pris l'avis d'agriculteurs très avisés, ayant pratiqué de longue date l'engraissement du taureau de boucherie, nous nous croyons autorisés à dire que cette règle ne saurait être absolue, et que, dans certains cas, l'engraissement du taureau est aussi intéressant que celui du bœuf, sinon plus.

D'ailleurs, le Docteur Pagès, dans son ouvrage sur *Les Méthodes pratiques en Zootechnie*, fait parfaitement ressortir en ces quelques lignes la valeur du taureau de boucherie :

« Le bœuf, dit-il, continue à fournir la viande de premier choix, mais il a dans le taureau un concurrent redoutable pour la fourniture de la grosse viande. »

« Tous ceux qui fréquentent les criées des viandes de Paris ont pu constater l'ascension rapide, en quantité et en qualité, de la viande de taureau ; elle a parfois maintenant la couverture et le persillé de la viande de première qualité. Il faut être bien expert pour distinguer certains aloyaux de taureau des meilleurs aloyaux de bœuf. »

« Et cette viande, en cuisant dans l'eau, ne diminue pas de volume, tandis que celle du bœuf gras fond plus ou moins. C'est ce qui explique pourquoi certains bouchers des quartiers ouvriers de Paris vendent plus facilement et à un prix plus élevé la viande du taureau de troisième qualité que celle du bœuf de deuxième. »

A Gavrelle, le taureau a été préféré au bœuf pour les raisons suivantes :

1° Parce qu'il s'engraisse beaucoup plus rapidement que le bœuf. Tandis qu'il faut au minimum 110 jours pour engraisser un bœuf, 90 à 95 jours suffisent à l'engraissement d'un taureau.

De cette façon, en achetant un premier lot de bêtes au début d'octobre, on peut engraisser facilement deux lots pendant l'hiver. Tandis que l'engraissement de deux lots de bœufs durerait jusqu'au début de mai, époque où les façons culturales sont plus fréquentes et où on n'a plus le temps de s'occuper de l'engraissement et surtout de la vente des animaux.

2° Le taureau a été choisi parce que c'est l'animal préféré des bouchers des centres miniers, où il trouve un débouché important.

Les bouchers préfèrent le taureau au bœuf, d'abord parce que sa viande est plus ferme et qu'elle convient mieux au goût des ouvriers et ensuite parce que le plat préféré des ouvriers est le beefstaek. Or le taureau étant beaucoup plus musclé que le bœuf, les bouchers peuvent découper beaucoup plus de beefstaeks dans un de ses quartiers que dans celui d'un bœuf.

Ces raisons expliquent le choix du mâle comme producteur de viande, question qui paraissait assez étrange *a priori*.

CHOIX DE LA RACE

Le taureau à choisir devait appartenir à une race ayant des aptitudes marquées à l'engraissement et d'autre part on devait pouvoir se le procurer facilement.

Les races Flamande et Hollandaise devaient être écartées pour ce genre de spéculation, non seulement parce que ces races n'avaient pas d'aptitudes au point de vue de la production de la viande ; mais encore parce que les taureaux Flamands et Hollandais ont trop de sang. Lorsqu'ils sont en nombre dans une étable, ils deviennent rapidement méchants.

La race choisie fut la race Normande. Cette race a, en effet, une excellente propension à l'engraissement et comme les centres d'élevage normands sont relativement proches on peut assez facilement se fournir. Le taureau Normand est enfin beaucoup plus docile que le Flamand et le Hollandais à l'étable.

ACHAT DES TAUREAUX

La race Normande n'étant pas très répandue en Artois, on est obligé d'aller dans le pays d'origine de la race pour trouver un lot de mâles suffisant.

Pour obtenir de bons taureaux producteurs de viande à des prix raisonnables, ce n'est pas aux grandes foires de la Manche qu'il faut aller, mais plutôt aux petites foires du Sud-Ouest Normand telles que : Vire, Saint-Sever, Villers-Bocage, Flers, Villedieu-les-Poêles, etc. La Manche étant plutôt un pays d'élevage de race pure, sélectionnée de très près, on serait exposé à trouver sur les foires des sujets de choix destinés à la reproduction avant tout et à des prix peu avantageux pour l'engraissement.

Tandis que dans le Sud de la Normandie, où, en plus de l'élevage, on pratique assez bien l'engraissement, on trouve facilement, à des prix plus avantageux, de bons taureaux aptes à être engraissés. Ils n'ont pas, sans doute, la pureté de race de ceux de la Manche, car dans cette région on trouve assez souvent des croisements Manceaux, mais si ces animaux sont de race moins pure ils ont des aptitudes à l'engrais au moins aussi grandes que les Normands sélectionnés.

Le choix se porte sur des sujets de deux à quatre dents, c'est-à-dire âgés de deux ou trois ans. Après cet âge, l'engraissement du taureau serait plus lent et moins intéressant.

En deuxième lieu, les sujets choisis doivent avoir des aptitudes très marquées pour la production de la viande. Un bon taureau d'engraissement doit avoir les qualités suivantes :

1° Etre d'un format convenable, ni trop petit ni trop gros.

2° Etre suffisamment maigre pour que l'animal augmente d'un poids appréciable pendant l'engraissement.

, 3° Avoir une tête fine, un cornage fin et un poil court et luisant,

4° Etre près de terre, avoir le corps aussi cylindrique que possible.

5° Enfin, être large de poitrine et d'arrière-main. Les sujets à garrot étroit et saillant ne sont jamais de bons producteurs de viande.

Lorsque, sur une foire, on a fixé son choix sur un lot d'animaux, on donne rendez-vous aux propriétaires des différents sujets à la gare d'embarquement et on ne les paye qu'à ce moment. Les propriétaires viennent donc avec leurs animaux à la gare ; on évite ainsi de confier le lot de bêtes à un toucheur.

A la gare, les animaux sont entravés de la tête à un des membres antérieurs par une corde et mis en wagons, expédiés en grande vitesse en gare de Rœux.

Le transport d'un taureau de Vire à Rœux coûtait, en septembre 1926, 100 francs environ.

PRATIQUE DE L'ENGRAISSEMENT — ALIMENTATION

L'engraissement d'un taureau nécessitant 90 à 95 jours, on peut engraisser chaque hiver deux lots de 18 à 20 têtes ; mais le nombre varie beaucoup, suivant les circonstances.

Le premier lot est acheté vers la fin de septembre et vendu fin décembre, et le deuxième lot, acheté au moment où le premier est liquidé, est vendu vers la fin de mars.

Le premier lot arrive souvent avant que les pulpes soient à la disposition du cultivateur. Les taureaux ne sont pas alors soumis à l'engraissement aussitôt leur arrivée, mais on les entretient à l'étable avec des fanes de betteraves jusqu'aux premiers arrivages de pulpes.

L'idéal serait peut-être de se procurer les taureaux juste au moment des premiers arrivages de pulpes, afin de commencer l'engraissement immédiatement, mais en pratique il est impossible de s'en aller en Normandie au début de la campagne de betteraves, époque où l'on doit surveiller de très près les livraisons à la sucrerie.

Principaux aliments :

Pendant le courant de l'engraissement, les taureaux sont soumis à une alimentation intensive et assez variée.

Les principaux aliments qui entrent dans le rationnement sont les suivants :

1ᶜ Aliments de fonds : pulpes, betteraves fourragères, fanes de betteraves.

2° Aliments concentrés : tourteaux, farine de blé.

3° Des pailles.

I. — ALIMENTS DE FONDS

a) *Betteraves fourragères.*

La totalité de la récolte de betteraves fourragères s'élève à 150 tonnes environ et passe dans l'alimentation des bovins.

Cette racine n'étant pas cultivée en assez grande quantité ne saurait assurer à elle seule l'alimentation des taureaux pendant l'hiver, mais, mélangée à des pulpes et à de la menue paille, elle fournit un excellent appoint dans le rationnement.

Comme les betteraves cultivées sont des demi-sucrières, elles ont une assez grande valeur nutritive et par leur mélange avec les pulpes elles rehaussent la richesse de l'aliment de fond en atténuant tant soit peu la nature aqueuse des pulpes.

Avant d'être données aux bovins, les betteraves passent dans un coupe-racines et sont ensuite mélangées aux pulpes et à la menue paille.

b) *Pulpes.*

Comme la ferme fournit une grande quantité de betteraves aux sucreries des environs, on peut se procurer en retour une grande quantité de pulpes. Les sucreries vendent aux cultivateurs une quantité de pulpes équivalente à au moins 50 % du poids des betteraves livrées.

La quantité dont on dispose chaque année à la ferme est approximativement de :

$$\frac{27 \text{ ha.} \times 33 \text{ tonnes} \times 50}{100} = 445 \text{ tonnes de pulpes.}$$

Rendues à la ferme, elles reviennent à 27 francs la tonne.

Ces pulpes fournissent donc un aliment de fond assez bon marché, dont on dispose en grande quantité.

Arrivées à la ferme, elles sont ensilées pour qu'elles se conservent jusqu'au moment de l'emploi.

Le silo à pulpes est généralement assez rudimentaire. C'est une fosse de 0^{m}60 de profondeur environ, creusée à proximité de la ferme, où l'on se contente de tasser les pulpes sans précautions.

Quand le silo est rempli, on donne à la quantité de pulpes qui émergent de la fosse, une forme de toit. Les pulpes qui se trouvent alors directement au contact de l'air et des intempéries, se décomposent légèrement, durcissent et on obtient ainsi à la partie supérieure une croûte brûnâtre, assez imperméable, qui préserve tout le contenu du silo.

Les pulpes se conservent assez bien de cette façon, mais perdent cependant du poids et une assez grande partie des éléments nutritifs qu'elles renferment.

Ce mode d'ensilage est sans doute imparfait, mais comme l'on peut se procurer à peu près la quantité de pulpes que l'on désire, on ne porte pas une grande attention sur leur ensilage.

Une partie des pulpes entre dans l'alimentation des taureaux et le reste est donné aux moutons.

Comme nous l'avons dit tout à l'heure en parlant des betteraves, les pulpes sont mélangées avec la menue paille et les betteraves et forment ainsi la ration de fond.

Remarque. — La menue paille que l'on mélange aux pulpes et aux betteraves a non seulement l'avantage d'apporter des éléments nutritifs à la ration, mais surtout de lui donner plus de consistance et de diminuer sa nature trop aqueuse.

c) *Fanes de betteraves.*

Quand les taureaux sont achetés quelque temps avant la campagne de betteraves, ils sont nourris avec des fanes.

Si aucune betterave n'est encore arrachée, on leur donne des betteraves montées, en attendant les premières fanes.

Cet aliment, donné seul, suffit, à cause de sa valeur nutritive assez élevée (16,2 de matières sèches, 1,7 de protéine, 7,2 valeur amidon), à l'entretien avant l'engraissement.

Dès les premiers arrivages de pulpes, on abandonne alors cet aliment pour commencer l'engraissement.

Il ne serait d'ailleurs pas avantageux de faire entrer les fanes dans la ration d'engraissement, car il faudrait occuper du personnel à leur ramassage, tandis qu'elles profitent aussi bien aux moutons qui les mangent sur place.

II. — ALIMENTS CONCENTRÉS

Les aliments que nous avons cités jusqu'à présent sont surtout employés pour donner du lest à la ration, mais ils ne seraient pas assez nourrissants pour des bêtes à l'engrais, et on est obligé de relever la valeur nutritive de la ration par des aliments concentrés.

TOURTEAUX

Les tourteaux constituent les aliments concentrés les plus employés pendant l'engraissement.

Bien que d'un prix onéreux, ils sont avantageux étant donné leur grande richesse en éléments nutritifs, et ils sont d'autre part indispensables pour obtenir un engraissement rapide et suffisamment poussé.

Sans tourteaux, il serait impossible d'atteindre le degré de graisse que l'on obtient avec leur emploi.

Les tourteaux employés le plus communément sont ceux de lin et d'arachides. On les **mélange** dans la proportion de 80 % de lin pour 20 % d'arachides.

FARINE DE BLÉ

Le tourteau est parfois remplacé dans la ration d'engraissement par de la farine de blé.

La farine de blé employée est, pour des raisons diverses, rendue impanifiable. C'est le plus souvent de la farine d'importation qui a été mouillée dans les cales de navire.

Cette farine, pour l'engraissement, a une **valeur** nutritive sensiblement égale à celle des tourteaux. On se la procure à certaines époques à des **prix** très avantageux, aux docks du port de Dunkerque.

PAILLES

Les pailles employées sont surtout des pailles de blé. Elles servent en grande partie **pour la** litière. Les taureaux en mangent fort peu, mais elles sont cependant nécessaires pour occuper les animaux entre les repas.

RATIONNEMENT

Voici la ration distribuée pendant la période moyenne d'engraissement :

Betteraves demi-sucrières....	30 kgs
Pulpes	30 kgs
Tourteaux (lin ou arachides)..	2 kgs
Paille	7 kgs 500
Menue paille...............	5 kgs

Distribuée en trois fois pendant la journée, elle n'est pas exactement la même pendant toute la durée de l'engraissement. Au début, elle est un peu moins copieuse et, au contraire, en fin d'engraissement, elle est forcée légèrement en aliments concentrés (3 kilos de tourteaux) et diminuée quelque peu en aliments de base (betteraves et pulpes).

Quoiqu'il en soit, la ration que nous donnons est très suffisante et nous allons pouvoir le constater en calculant les éléments nutritifs d'après la méthode de O. Kellner.

CALCUL DE LA RATION

Les taureaux pesant en moyenne 600 kilos, la ration doit avoir la norme suivante :

Matières sèches.... 24 à $32 \times 0,60 = 14.400$ à 19.200
Protéine .... $1,6 \times 0,60 = 0,960$
Valeur amidon..... $14,5 \times 0,60 = 8,700$

Eléments entrant dans la ration

Aliments	Matières sèches	Protéïne	Valeur amidon
Betteraves demi-sucrières 30 k.	$180 \times 30 = 5.400$	$8 \times 30 = 240$	$100 \times 30 = 3.000$
Pulpes de sucrerie 30 k....	$150 \times 30 = 4.500$	$7 \times 30 = 210$	$106 \times 30 = 3.180$
Tourteau (lin) 2 kilos	$890 \times 2 = 1.780$	$288 \times 2 = 576$	$718 \times 2 = 1.436$
Paille de blé 2 kilos (1)......	$875 \times 2 = 1.750$	$2 \times 2 = 4$	$109 \times 2 = 218$
Menue-paille 5 kilos	$840 \times 5 = 4.200$	$14 \times 5 = 70$	$243 \times 5 = 1.215$
Total...	17.630	1.100	9.049

(1) En énumérant la ration, nous avons comptés 7 kgs 500 de paille tandis que dans ce calcul nous ne comptons que 2 kgs : quantité consommée par l'animal, le reste de la paille sert de litière.

B. B.

Soit :

Matières sèches	17.630
Protéine	1.100
Valeur amidon	9.049

En considérant les éléments nutritifs demandés par la norme et les éléments mis à la disposition des animaux dans la ration, nous constatons que les chiffres se rapprochent de très près, bien que la ration soit un peu supérieure à la norme.

L'engraissement est donc *théoriquement* rationnel. Il est évident que l'on ne saurait en pratique se baser uniquement sur ces chiffres, car tous les animaux n'ont pas le même pouvoir d'assimilation. Aussi on est souvent obligé de donner des rations un peu différentes à des animaux d'un même poids, si l'on veut les faire arriver au même degré d'engraissement.

Néanmoins, ces données sont une indication fondamentale sur laquelle on peut s'appuyer, bien qu'en pratique on doive modifier légèrement les rations suivant les individus.

BOISSON

Les bovins à l'engrais n'ont jamais à boire, la ration étant suffisamment aqueuse pour fournir le liquide nécessaire à leur organisme.

VENTE DES TAUREAUX

Les taureaux sont vendus après un engraissement de 90 à 95 jours en principe, à des bouchers des centres miniers. Cependant, comme les bouchers viennent choisir eux-mêmes les animaux dans l'étable et que le marché se conclut par estimation à vue, certains animaux sont vendus avant que leur engraissement soit complètement terminé quand on en offre un prix avantageux.

Quand on a besoin de se débarrasser d'un lot assez important d'animaux, il est préférable de le vendre à un chevillard de Roubaix ou Tourcoing plutôt que directement aux bouchers détaillants. Les taureaux augmentent environ de 150 kilos pendant la période complète d'engraissement. Leur poids moyen au départ est de 650 à 700 kilos. Les plus gros atteignent 800 kilos.

COMPTE DE L'ENGRAISSEMENT DU TAUREAU

Dépenses

Achat (500 kilos).....................................	2.100 fr.	
Transport	100	»
Ration :		

Pulpes	30 k.	$\times$ 0,027 = 0,71
Betteraves	30 k.	$\times$ 0,150 = 4,50
Tourteau	2 k.	$\times$ 1,200 = 2,40
Paille	7 k. 500	$\times$ 0,140 = 1,05

Total..................... 8,66

8 fr. 66 $\times$ 95 jours =	822	70
Main-d'œuvre : 6 heures $\times$ 95 j. $\times$ 2 fr. =		
1.140 : 20.....................................	57	»
Bâtiments, entretien du matériel.............	30	»
Imprévus	40	»
	3.149	70
Intérêt des frais à 6 % (en 3 mois et demi)..	54	95
Total des dépenses..................	3.204	65

Recettes

Vente : 650 kilos $\times$ 5 francs....	3.250	fr.
Fumier : 5 tonnes $\times$ 40 francs..	200	»
Total..................	3.450	fr.

Balance

3.450 — 3.204,65 = 245,35

Bénéfice net par taureau : 245 fr. 35

Moutons

Comme les chevaux et les bovins d'engraissement ne pouvaient pas, à eux seuls, fournir la
quantité de fumier suffisante à l'assolement, il
fallut trouver une autre spéculation animale,
capable d'y suppléer sans le secours des prairies
naturelles.

La spéculation choisie fut l'élevage du mouton.

Cette spéculation se conformait très bien aux
exigences et elle était en outre capable de donner
un profit appréciable en élevant de bons producteurs de viande. Les débouchés de la viande sont,
comme nous le savons, très faciles dans les centres
industriels voisins.

La production de la laine ne pouvait être envisagée qu'avec une importance tout à fait secondaire à cause du climat relativement humide de
l'Artois, défavorable au mouton lainier.

CHOIX DE LA RACE

Le choix de la race fut assez embarrassant. Ce
n'est pas qu'il manquât de races de moutons
rustiques et prolifiques en France ; mais il fallait
trouver une race qui s'adaptât parfaitement au
milieu climatérique et à la spéculation qui réussit
le mieux dans la région : la spéculation d'agneaux
blancs.

Le mouton idéal devait avoir les caractères suivants :

1° Taille moyenne, pour avoir des agneaux d'un format convenable.

Les gros moutons étaient à écarter, étant donné que le meilleur client de cette région est le boucher du pays des mines qui ne veut pas de gros agneaux difficiles à écouler.

2° Toison peu dense à brins courts.

Ceci a une grande importance, à cause des brouillards fréquents.

Les moutons à toison serrée ne résistent pas dans le pays. Lors des petites pluies, ils sont entourés d'un matelas humide, difficile à sécher, qui occasionne de la bronchite ou de la gale à cause des saletés qui adhèrent plus facilement à la laine.

3° Excellente conformation des pieds.

Egalement d'une grande importance pour une région à terres fortes plutôt humides.

Les moutons à pieds tendres et larges ont souvent de la pourriture de la corne ou du piétin.

4° Grande précocité.

Indispensable à la spéculation d'agneaux blancs.

5° Bonne réussite à l'agnelage.

Or, après avoir examiné toutes les races, les unes après les autres, on ne trouvait pas le mouton qu'il fallait. Toutes les races locales, en particulier à cause de leur peu de précocité et de leur faible fécondité, furent rejetées. Une seule race cependant aurait pu convenir parfaitement à la spéculation recherchée : le Dishley. Mais étant donné la rareté de ce mouton en France et la difficulté de se procurer des reproducteurs, cette race dut également être rejetée.

Il n'y avait donc plus qu'une solution, c'était de créer un mouton ayant les aptitudes voulues, par l'union de deux races apportant chacune une partie des qualités recherchées.

Les races choisies pour ce métissage furent la race Berrichonne d'une part et celle de l'Ile-de-France de l'autre.

A première vue, il semble étrange que l'on aille chercher des races du Centre et de l'Ile-de-France pour la formation d'un troupeau en Artois, mais comme nous allons pouvoir le constater, les deux races choisies possèdent toutes les qualités pour l'adaptation au climat artésien et à la spéculation recherchée.

Voici les caractères des deux races en question et les qualités qu'elles apportent au croisement, tant au point de vue du tempérament que des aptitudes.

Race Berrichonne

Moutons de taille moyenne à membres fins plutôt grêles et à bonne aptitude pour la production de la viande. La toison, peu compacte, est ouverte ; elle s'arrête pour la tête au niveau des oreilles et pour les membres au niveau des genoux et des jarrets. Les pieds sont bien conformés, résistants et presque toujours exempts de maladie. Cette race est douée d'une grande précocité et d'une grande fécondité (100 à 105 %). Elle est excessivement rustique, même dans les régions humides.

Race de l'Ile-de-France

Ce mouton a également de grandes qualités. Bien charpenté, il offre des gigots assez descendus et en général de bonnes aptitudes pour la production de la viande. Sa laine, assez abondante, n'est pas trop dense, mais donne tout de même un bon rendement à la tonte.

C'est une race précoce, rustique, mais pas aussi prolifique que la race Berrichonne. Son rendement à l'agnelage ne s'élève guère au-dessus de 85 %. Les pieds de l'Ile-de-France sont également moins bons que ceux du Berrichon.

La principale qualité que l'Ile-de-France apporte au croisement est l'aptitude à la production de la viande.

Ce croisement était appelé à donner un excellent résultat, qui se réalisa d'ailleurs.

CROISEMENT — APTITUDES — AMÉLIORATION

Pour effectuer le croisement, qui n'est autre qu'un croisement industriel, on acheta des brebis Berrichonnes d'une part et des béliers de l'Ile-de-France de l'autre. Ces béliers luttèrent les brebis Berrichonnes et on obtint des produits moitié sang Berrichon, moitié sang Ile-de-France. Dans la suite, les béliers consacrés à la lutte furent **tantôt** berrichons, tantôt Ile-de-France.

Le métis obtenu par ce mode de croisement est actuellement excellent. Voici ses qualités et aptitudes : très bonne production de viande ; **bons** pieds ; laine pas trop compacte, mais ayant un rendement assez élevé (brebis, 3 kilos) ; très bonne réussite à l'agnelage (90 à 95 %) ; agneaux précoces et rustiques pesant 35 à 40 kilos à cinq mois et demi.

Comme nous pouvons le voir, ce croisement est satisfaisant et convient très bien au climat et à la spéculation d'agneaux blancs ; néanmoins, il ne saurait être parfait, car un mouton peut toujours être amélioré.

Un des meilleurs moyens d'améliorer ce métissage serait d'augmenter encore les aptitudes à la production de la viande et la précocité, en amenant dans la troupe, par l'intermédiaire des béliers, du sang d'une race nettement productrice de viande : la race South-down, par exemple.

Le South-down est, en effet, un excellent producteur de viande. Son corps, de grande amplitude, a un aspect presque cylindrique, il est près de terre et les gigots sont très descendus. Les femelles élèvent bien leurs agneaux. Ceux-ci sont très précoces, d'assez petite taille, mais de rendement en viande des plus élevés, variant entre 52 à 58 %. Ce mouton est assez rustique, mais si l'on veut qu'il conserve intégralement ses aptitudes, il faut le nourrir copieusement. En outre, il est assez sujet au coryza.

Le croisement serait donc excellent au point de vue de la spéculation d'agneaux blancs, mais il ne faudrait pas amener trop de sang de cette race dans le troupeau, car on serait exposé à voir faiblir la grande rusticité du métis actuel.

LE TROUPEAU ACTUEL — CONDUITE DE L'ÉLEVAGE

Le troupeau actuel comprend :
280 brebis mères,
 90 antenaises,
250 agneaux,
 4 béliers (au moment de la lutte).

La lutte a lieu chaque année, du 15 juin au 15 août, de façon à obtenir les agneaux en hiver, lorsque le troupeau est en stabulation.

A cet effet, quatre béliers sont achetés chaque année à des éleveurs de race pure et lorsque ces béliers ont accompli leur service, ils sont castrés, engraissés et vendus en boucherie.

La lutte n'est peut-être pas exécutée ainsi de la façon la plus économique ; la location des béliers serait sans doute plus avantageuse, mais malheureusement la location fait souvent naître entre le propriétaire et le locataire des discussions, dans le cas d'accidents ou d'amaigrissement des béliers. C'est cette question qui fait hésiter beaucoup de cultivateurs pour la location des béliers.

Les agneaux qui arrivent au début de l'hiver sont presque tous vendus en boucherie comme agneaux blancs à l'âge de cinq mois et demi environ.

Sont conservés dans le troupeau : 90 agnelles pour remplacer les brebis réformées et quelques agneaux mâles vendus comme agneaux gris à l'âge de dix mois ; ce sont les jumeaux qui, n'ayant pas grandi aussi vite que les autres, n'ont pu être vendus avantageusement comme agneaux blancs.

L'écourtage des agneaux se fait à trois semaines et la castration des mâles à six semaines. Cette dernière opération est rendue très simple et sans aucun danger, grâce à l'emploi d'un appareil italien : « la pince martelleuse de Burdizzo ».

Cette pince a pour effet « de contusionner suffisamment sous la peau le cordon de chaque testicule pour provoquer l'écrasement brutal de l'artère grande testiculaire avec formation d'un caillot et déterminer l'atrophie du testicule en arrêtant ainsi l'irrigation de cet organe » (Gobert). Cette méthode a le grand avantage de ne provoquer aucune blessure extérieure et d'empêcher toute infection d'origine extérieure.

Chaque année, 90 brebis mères environ sont réformées, engraissées et vendues en boucherie.

ALIMENTATION DU TROUPEAU

Le troupeau reste environ cinq mois à la bergerie d'une façon continue et pendant l'autre partie de l'année il n'en sort que quelques heures par jour pour manger au dehors.

Alimentation d'été

Les premières sorties du troupeau après l'hiver se font vers la fin mars. A ce moment, la troupe qui ne sort que quelques heures de l'après-midi est conduite d'abord sur les bords des routes, où elle troupe une herbe abondante. Ensuite, depuis la fin d'avril jusqu'à la moisson, les moutons sont menés sur les dravières qui se trouvent souvent sur les terres les plus éloignées de la ferme. Mais comme l'étendue des dravières est très restreinte, le berger y conduit les moutons très lentement. De cette façon ils prennent la plus grande partie de leur nourriture sur les talus et ils n'ont ensuite qu'à compléter leur ration en arrivant sur le mélange fourrager.

Toutes les routes des environs sont munies de bas-côtés enherbés, très larges, qui sont une véritable ressource pour les ovins.

Ceci explique comment on peut nourrir le nombreux troupeau pendant plus de trois mois en ne cultivant que deux hectares de fourrages verts.

Néanmoins la nourriture que prennent les moutons n'est pas tout à fait suffisante pour les entretenir, et comme ceux-ci ne sortent de la bergerie que l'après-midi, le matin on leur donne un affouragement de paille d'avoine et des pulpes ensilées quand il en reste encore.

La moisson arrivée, le troupeau est envoyé sur les éteules de blé d'abord et d'avoine ensuite. A cette époque, les moutons ne sortent plus l'aprèsmidi, mais le matin. N'étant pas incommodés par la chaleur, ils mangent plus à leur aise et ne sont pas exposés aux « coups de chaleur ». Rentrés à la ferme vers midi, on les loge sur la fumière, afin qu'ils aient plus d'air qu'à l'intérieur des bâtiments.

La nourriture échauffante du troupeau à ce moment favorise nettement les dernières chaleurs des brebis pendant la saison de lutte.

Les éteules occupent le troupeau pendant deux mois environ, après quoi il est envoyé sur les regains de luzerne en attendant les premiers arrachages de betteraves. Les regains de luzerne n'ayant pas une végétation très active, la météorisation n'est pas fort à craindre pour les moutons ; cependant il est prudent de ne pas les faire manger à la rosée du matin et il est préférable d'attendre l'après-midi.

Dès le commencement de la campagne de betteraves, le troupeau mange les débris de la récolte sur place pendant toutes les après-midi. Le matin, il reçoit comme précédemment un affouragement de paille d'avoine.

La rentrée définitive à la bergerie a lieu vers la fin de novembre, dès les premiers agnelages.

Alimentation d'hiver

Pendant l'hiver, la nourriture du troupeau est beaucoup moins variée que pendant l'été.

L'alimentation consiste en pulpes mélangées de menues pailles, la ration est alors complétée par des gerbes d'avoine non battue.

On donne de temps en temps aux brebis mères des barbotages de son. Les agneaux mangent assez rapidement de ce breuvage et s'engraissent facilement.

Sevrés à trois mois et demi environ, ils reçoivent, à partir de cet âge jusqu'à cinq mois et demi, des pulpes et des tourteaux ou farines en barbotages. Grâce à cette alimentation copieuse, ils arrivent à peser 35 à 40 kilos à cinq mois et demi, époque à laquelle ils sont vendus en boucherie.

ENGRAISSEMENT DE BREBIS A LA BERGERIE

Pendant la période hivernale, on se livre également à l'engraissement.

On engraisse environ, chaque année, 90 brebis réformées après le sevrage des agneaux. Mais on engraisse aussi parfois des brebis maigres achetées dans le Berry.

Les brebis réformées du troupeau subissent un engraissement très rapide. Ayant été alimentées très copieusement au moment où elles nourrissent, quand on sèvre les agneaux elles sont en bon état et en deux mois elles arrivent facilement à un degré d'engraissement suffisant pour la boucherie.

L'engraissement de cette catégorie de brebis commence vers la mi-février et se termine au 15 avril.

Les brebis maigres que l'on engraisse parfois sont achetées dans le Berry à la fin d'octobre. A cette époque, on peut trouver des moutons à un prix très avantageux. Comme dans le Centre les agnelages ont souvent lieu vers les mois de juin ou juillet, on trouve, en octobre, une quantité de brebis ayant nourri leurs agneaux jusqu'alors, dont les agriculteurs veulent se débarrasser. Dans cette région, la nourriture manque souvent pendant l'hiver et le bétail qu'on peut entretenir est assez limité. Les brebis de cette catégorie sont assez maigres et il leur faut au moins trois mois et demi pour être en état pour la boucherie : de la fin d'octobre à la mi-février.

Huit jours après leur arrivée à la ferme, les brebis sont tondues. La tonte a une **grande** influence sur l'engraissement des moutons.

Ceux-ci étant débarrassés de leur toison, **sentent** le besoin de manger davantage pour récupérer les calories qu'ils brûlent plus facilement, et s'engraissent plus rapidement.

Cette méthode est encore très peu employée en France, mais elle l'est couramment en Allemagne, où elle est considérée comme indispensable à un bon engraissement.

Après la tonte, les brebis reçoivent une nourriture très copieuse, constituée par des pulpes, de la paille, du tourteau de lin et un peu de mélasse.

Voici la ration :

Pulpes	6 kgs
Tourteau	0 kg. 200
Mélasse	0 kg. 100
Paille	1 kg.

Cette ration est très suffisante et les résultats le font d'ailleurs bien constater : une brebis **augmente** environ de 12 à 15 kilos en trois mois et demi.

L'engraissement terminé, les brebis pèsent en moyenne 60 kilos.

DIVERSES PRODUCTIONS DU TROUPEAU

Production de la viande

Autrefois, la viande était assez peu recherchée dans les centres ouvriers, mais actuellement, grâce à l'accroissement constant de ces populations et à la vie plus aisée des ouvriers, elle trouve **dans les**

cités minières et celles de Lille, Roubaix, Tourcoing, un débouché assuré.

Toutefois, les boucheries sont tellement nombreuses dans ces régions que les bouchers n'ont
pas une clientèle très étendue, et la condition principale pour avoir un bon écoulement de la viande
est de produire des moutons de taille moyenne,
qui peuvent être facilement liquidés par les bouchers à une clientèle limitée.

Les métis Berrichon-Ile-de-France ont toutes les
qualités requises. Ils sont d'un format moyen ; les
agneaux de cinq mois et demi pèsent environ 35 à
40 kilos, ceux de dix mois, 50 kilos environ ; les
brebis réformées, 60 kilos, et les béliers, 65 à
70 kilos.

Ces derniers seraient plus difficiles à écouler,
mais comme ils sont en petite quantité ils n'offrent
pas d'inconvénients.

Production de la laine

Bien que la production de la laine ne soit pas
le but visé dans la spéculation ovine, puisque le
climat ne permet pas d'avoir un mouton réelle-
ment lainier, elle constitue une source de profits
appréciable qu'il ne faut pas dédaigner.

La tonte, qui se fait au début de l'été pour les
moutons du troupeau proprement dit, et en hiver
pour les sujets à l'engrais, est exécutée par des
tondeurs de profession, payés à la tâche, ou par
le personnel de la ferme si le lot à tondre n'est pas
important.

Le rendement en laine est assez grand, il est de 3 kilos par tête ; les agneaux vendus au printemps ne sont jamais tondus.

Les débouchés sont très aisés dans les filatures de Lille, Roubaix et Tourcoing, où la laine des moutons de notre région est très appréciée. Cela est dû évidemment en partie à la race, mais surtout parce que les troupeaux d'Artois ne parquent jamais. La laine des moutons est ainsi beaucoup plus souple et plus fine que celle des sujets qui sont toujours en contact de l'humidité de l'atmosphère et du sol.

Les toisons sont payées par les filateurs au prix de 15 à 18 francs le kilo.

Production du fumier

Nous avons dit précédemment que le troupeau ne sortait l'été que quelques heures de la journée pour rentrer tous les soirs à la ferme. Il ne parque en effet jamais sur les terres.

Pourquoi le parquage n'est-il généralement pas employé en Artois ?

Le parquage a certes des avantages, mais il n'est pas sans inconvénients.

Le principal avantage du parquage dans les fermes de culture consiste dans les économies de transport des engrais organiques sur les terres. Et ces économies sont d'autant plus sensibles que les terres sont morcelées et éloignées de la ferme.

En second lieu, les pertes d'azote subies par les excréments de moutons sont beaucoup moindres au parc qu'à la bergerie.

Muntz a, en effet, démontré que sur un sol présentant des conditions favorables à l'absorption des principes fertilisants, la perte d'azote pour le parcage pouvait être réduite à 24 %, tandis qu'elle est toujours au moins de 40 % à la bergerie, même avec une litière abondante.

Les deux avantages sont donc indiscutables au point de vue de la culture ; et, en outre, Teissier estime que le parcage est utile pour la santé des moutons, à condition qu'on les abrite contre les accidents atmosphériques. Mais cette affirmation prête fort à discussion, car en pratique il est impossible d'abriter les moutons dans un parc où ils sont constamment exposés aux changements de température.

« Les animaux enfermés ne peuvent ni remuer, ni réagir contre le froid, ni chercher un abri contre la chaleur ; or, un tel régime leur est préjudiciable (1). » Cela est d'autant plus vrai en Artois que les brouillards et les petites pluies y sont fréquents.

D'autre part, dans les pays où les terres sont assez fortes, comme c'est le cas ici, le parcage a l'inconvénient d'augmenter encore la plasticité des terres, à cause du piétinement des moutons.

Ensuite, les moutons qui sont constamment dehors et couchent sur la terre, ont une laine beaucoup plus rèche et moins élastique que les sujets abrités des intempéries.

Enfin, tous les bergers ne consentent pas actuel-

---

(1) C. Moreau-Berillon dans « Le mouton en Champagne ».

lement à garder un troupeau pendant la nuit en n'ayant qu'une cabane comme abri.

C'est pour toutes ces raisons qu'à Gavrelle les moutons ne parquent pas, et qu'ils rentrent tous les soirs à la ferme. Le parcage aurait d'autant moins d'utilité que toutes les terres de l'exploitation sont groupées autour de la ferme et que l'on ne doit pas charrier de fumier à grande distance. En ne parquant pas, on a, en outre, la satisfaction de pouvoir fumer également toutes ses terres et, par suite, d'obtenir des récoltes homogènes, tandis qu'en employant le parcage et la fumure au fumier, on obtient la plupart du temps des récoltes disparates et des résultats imprévus.

Comme les moutons sont toute l'année à la bergerie, ils sont devenus, grâce à leur nombre, les plus gros producteurs de fumier de la ferme.

Le fumier est très riche en Az., P^2O^5 et K^2O et, mélangé avec celui des bovins et des chevaux, il relève la teneur du fumier de ferme.

Outre l'action directe que les moutons exercent sur la production du fumier, ils favorisent sa fabrication lorsque pendant l'été ils sont logés sur la fumière.

LE BERGER

Une question à l'ordre du jour qui empêche bien souvent les cultivateurs d'entreprendre les spéculations ovines est la crise du berger.

Le métier de pâtre exige, en effet, une **vocation** spéciale qui se perd actuellement. Les bergers, en particulier ceux qui passent tout l'été dans la plaine, sont astreints à un métier très dur. Seuls pendant la majeure partie de la journée et logés dans une cabane pendant la nuit, ils sont exposés à toutes les intempéries et privés de toute liberté.

Il est donc compréhensible que dans de telles conditions les bergers se raréfient ou disparaissent même dans les régions industrielles. Dans ces régions, tel que le Nord de l'Artois, si l'on veut avoir un berger, il est indispensable de ne lui confier la garde du troupeau que pendant une partie de la journée, le payer largement et de l'intéresser à l'élevage par des primes. C'est dans ces conditions qu'est traité le berger à Gavrelle.

La crise de berger est peut-être une des raisons capitales de l'abandon de plus en plus marqué du parcage en Artois.

COMPTE DE L'ENGRAISSEMENT D'UN LOT DE 60 BREBIS MAIGRES

Dépenses

```
Achat : 200 fr. × 60......................  12.000 fr.
Transport : 20 fr. × 60...................   1.200  »
Nourriture :
     Pulpes .......   6 k.      × 0,027 = 0,162
     Tourteau .....  0 k. 200 × 1,20  = 0,240
     Mélasse ......  0 k. 100 × 1,30  = 0,130
     Paille .......   1 k.      × 0,14  = 0,140
                                         ───────
          Total...............  0,672
               0 fr. 672 × 60 × 100 j. =   4.032  »
Tonte : 1 fr. 30 × 60.....................      96  »
Main-d'œuvre : 3 heures × 100 × 2 fr......     600  »
Amortissement du matériel.................     100  »
Imprévus .................................     100  »
                                            ───────
          Total...........................  18.129  »
Intérêt des frais à 6 % pendant 4 mois....     361  »
                                            ───────
          Total des dépenses..............  18.489  »
```

Recettes

Vente des brebis.	55 k. × 60 × 5 fr. 50 =	18.150 »
Laine	2 k. × 60 × 15 fr. » =	1.800 »
Fumier	200 k. × 60 × $\dfrac{45 \text{ fr. »}}{1.000}$ =	540 »

Total des recettes................ 20.490 »

Balance

20.490 — 18.489 = 2.001 francs

Bénéfice net sur le lot.... 2.001 fr. »

Bénéfice net par mouton. 33 fr. 35

Les Porcs

Les porcins constituent une spéculation plutôt secondaire, mais elle est néanmoins une source de profit nullement négligeable.

La production que vise actuellement M. Lequette est celle du petit porc de boucherie pesant 30 à 35 kilos à trois mois.

En ce moment, en effet, l'engraissement n'est pas avantageux, à moins d'avoir une grande quantité de sous-produits industriels pendant toute l'année.

Pour atteindre cette production avec le maximum de profit, on a choisi le croisement industriel d'une race autochtone avec un porc anglais, croisement que l'on tend à entreprendre de plus en plus de nos jours dans les porcheries qui visent la production du porc de boucherie.

Les truies sont donc de race Boulonnaise et le verrat est, autant que possible, un Large White.

La race Boulonnaise apporte au métis l'ampleur du corps et la rusticité, et le verrat surtout la précocité. L'effectif du troupeau est actuellement de 7 truies et 1 verrat.

Si nous comptons que 7 truies donnent deux portées de 8 jeunes chacune tous les ans, nous avons une production annuelle de 112 porcelets.

L'alimentation donnée aux mères et aux porcelets après le sevrage varie beaucoup suivant les époques de l'année, mais elle est toujours très copieuse pour avoir des sujets précoces.

Les principaux aliments qui sont donnés aux porcs sont :

Betteraves ou pommes de terre cuites.

Orge cuite.

Farine de blé ou tourteaux.

Tous ces aliments sont donnés sous forme de soupe épaisse dans laquelle on peut faire entrer les eaux grasses du ménage et le petit lait de beurre.

Pendant la période estivale, on rafraîchit les porcs par des fourrages verts : mélanges fourragers, fanes de betteraves. Il est toujours excellent de distribuer aux porcs de la verdure, surtout en été et quand ils reçoivent une alimentation échauffante.

Tous les porcs sont vendus à l'âge de trois mois environ, pesant 30 à 35 kilos. Ils sont achetés soit par des bouchers, soit par des petits cultivateurs qui se livrent à leur engraissement.

Une spéculation qui paraît intéressante en Artois :
La vache laitière castrée

Nous avons dit précédemment que les milieux industriels proches de la région dans laquelle nous nous trouvons offraient d'excellents débouchés pour la viande.

La viande trouve, en effet, de très bons débouchés, mais le lait et le beurre en trouvent d'aussi importants pour lesquels il y a fort peu de concurrence.

La spéculation de la vache laitière est assez peu répandue dans le Nord de l'Artois, mais cela ne prouve pas que dans certaines conditions elle ne soit pas intéressante.

Voici la raison pour laquelle on voit peu de vaches laitières dans notre région.

Comme nous l'avons dit tout à l'heure, le Nord de l'Artois est une région de culture intensive avant tout. L'étendue de prairies naturelles est donc réduite au minimum dans les différentes exploitations. Or les cultivateurs routiniers considèrent que la spéculation de la vache laitière amène forcément l'élevage et qu'il faut, pour se livrer à cette spéculation, une quantité considérable d'herbages, ce qui n'est pas avantageux en Artois.

Mais cette théorie n'est que celle des cultivateurs routiniers et actuellement on peut envisager la spéculation de la vache laitière sous un aspect tout à fait différent.

Pour éviter l'élevage que l'on doit s'efforcer de réduire le plus possible dans une exploitation de culture intensive, cette spéculation serait envisagée selon la méthode suisse, c'est-à-dire que l'on achèterait des vaches au moment où elles sont à leur rendement maximum en lait, on les castrerait et, la lactation terminée, on les vendrait en boucherie.

Nous savons, en effet, que la castration de la vache favorise très nettement la sécrétion lactée, fait durer la lactation pendant seize à dix-huit mois environ et, ensuite, favorise l'engraissement.

On aurait ainsi des vaches qui, après avoir donné un rendement élevé en lait pendant seize ou dix-huit mois, deviendraient rapidement grasses et se vendraient ainsi dans de très bonnes conditions en boucherie.

La castration était autrefois assez dangereuse, mais depuis quelque temps elle ne présente plus d'inconvénients, si bien qu'aujourd'hui on ne compte plus que 2 à 3 % de mortalité sur les sujets opérés.

La spéculation de la vache laitière castrée paraît assez étrange *a priori*, mais M. Lequette a fait quelques essais qui lui ont donné d'excellents résultats, ce qui l'encourage à l'entreprendre sur une plus grande échelle.

LA SPÉCULATION

Nous avons dit précédemment que le lait et le beurre trouvaient de très bons débouchés dans la région. Cependant ce n'est pas dans la région immédiate de Gavrelle et comme il n'existe aucune organisation pour l'envoi du lait au lieu de vente (10 kilomètres), il serait plus avantageux de transformer le lait en beurre, qui se transporte plus facilement. Il y aurait évidemment des frais de main-d'œuvre supplémentaires, mais ce serait cependant moins onéreux que de faire transporter tous les jours le lait en nature aux centres de débouchés.

On aurait de plus l'avantage d'avoir comme sous-produit une grande quantité de petit lait très utilement employé dans l'alimentation des porcs.

Il faudrait donc avoir pour cette spéculation de bonne vaches beurrières qu'on achèterait en Normandie, puisqu'il n'y a pas en Artois de bêtes ayant un lait suffisamment riche en matières grasses pour fabriquer du beurre économiquement.

La région normande dans laquelle on pourrait se procurer de bonnes beurrières à un prix raisonnable serait le pays d'Auge. Dans les petites foires de cette région, on pourrait se procurer, au début de l'hiver surtout, de bonnes laitières-beurrières. On ne trouverait sans doute pas dans le pays d'Auge des laitières aussi parfaites que dans le Cotentin au point de vue standart, mais elles pourraient être excellentes pour la spéculation qu'on attend d'elles.

Le choix serait fixé sur des bêtes pleines de cinq mois du quatrième veau, ayant de bonnes aptitudes laitières. C'est cette catégorie qui donnerait les meilleurs résultats. Aussitôt après le vêlage, elles auraient en effet leur rendement en lait maximum et la castration serait très efficace à cette époque.

Le seul inconvénient d'acheter des vaches dans ces conditions serait l'obligation de les nourrir pendant quatre mois avant le vêlage, période pendant laquelle elles donnent fort peu de lait, mais il n'y a pas moyen de l'éviter. Acheter des laitières

à un état de gestation plus avancé serait à décon-
seiller, car pendant le voyage on peut avoir des
accidents.

L'idéal serait évidemment d'acheter des bêtes
fraîchement vêlées, qu'on pourrait castrer immédiatement, mais cette catégorie de vaches est
presque introuvable sur les foires, puisque c'est à
ce moment qu'elles rapportent le plus à leur propriétaire.

Les veaux ne seraient évidemment pas élevés,
mais vendus en boucherie dès l'âge de dix jours.

La castration étant opérée le plus tôt possible
après le vêlage, le rendement en lait se maintien-
drait très élevé pendant seize mois environ, et
ensuite les vaches seraient vendues en boucherie.
Leur état d'embonpoint très avancé à cette époque
les ferait bien estimer des bouchers.

ALIMENTATION

L'alimentation des laitières pendant la période
hivernale ne présenterait aucun inconvénient avec
les pulpes dont on peut disposer dans la ferme ;
mais pour l'été il faudrait suppléer à l'étendue
d'herbages par l'addition de prairies artificielles
qui pourraient être pâturées.

La ration hivernale d'octobre à fin mars serait
la suivante :

```
Pulpes ..................  50 kgs
Menue paille............   6 kgs
Tourteau d'arachides.....  1 kg.
Paille ..................  10 kgs
```

Bien que ne renfermant pas de fourrages, cette
ration serait capable de faire donner aux laitières

un rendement élevé en lait, grâce au tourteau qu'elle renferme. L'été, comme les aliments sont assez limités, on ne pourrait guère entretenir plus de 12 bêtes.

Dès le début d'avril, le troupeau serait envoyé sur les 10 mesures de prairies naturelles.

En Artois, les herbages ont toujours une végétation très abondante au printemps et 12 laitières pourraient facilement s'alimenter sur ceux de la ferme. Mais à la fin de juin les prairies naturelles commencent à se dessécher et c'est le moment de retirer le bétail.

Alors on pourrait mettre les laitières au piquet sur des dravières ou du trèfle cultivé à cet effet.

Deux hectares de prairies artificielles suffiraient à nourri les 12 laitières jusqu'à la rentrée à l'étable, soit pendant trois mois. Et si, par année sèche, les dravières avaient été insuffisantes, on aurait la faculté de ramener le troupeau dans les herbages en septembre, où son alimentation pourrait être complétée par des fanes de betteraves montées, récoltées avant l'arrachage.

Une spéculation de vaches laitières ainsi menée est appelée à donner de bons résultats en Artois et le compte ci-après montre approximativement le bénéfice qu'on pourrait réaliser.

Le bénéfice de 1.346 fr. 50 en vingt mois paraît très important, mais il est nécessaire pour se mettre à couvert des risques que nécessite la spéculation.

Malgré ces risques, M. Lequette espère composer une vacherie de ce genre à la fin de cette année, ce qui lui permettra de diminuer l'engraissement de taureaux d'une façon avantageuse.

COMPTE D'UNE VACHE NORMANDE ACHETÉE PLEINE
DE CINQ MOIS, CASTRÉE ET VENDUE SEIZE MOIS
APRÈS VÊLAGE, EN BOUCHERIE

Dépenses

Achat en octobre	3.400 fr.	
Transport (350 km.)	100 »	

Ration du 1ᵉʳ octobre à fin mars :

Pulpes	50 k. × 0,027 = 1,35	
Tourt. d'arachides.	1 k. × 1,30 = 1,30	
Paille	10 k. × 0,14 = 1,40	
Menue paille : 5 k. (non cotée)...	»	
Total	4.05	

4 fr. 05 × 180 jours =	729 »	
Nourriture à l'herbage d'avril à fin juin (3 mois)	180 »	
Nourriture sur prairies artificielles de juillet à fin septembre (3 mois)	200 »	
Nourriture à l'étable d'octobre à fin mars (180 jours)	729 »	
Nourriture à l'herbage d'avril à fin mai (époque de la vente, 2 mois)	120 »	
Main-d'œuvre pour l'entretien des vaches : 7 heures par jour × 2 fr. × 600 jours = 8.400 fr. : 12 vaches	700 »	
Main-d'œuvre pour la fabrication du beurre : 12 heures par semaine × 1 fr. 50 × 86 semaines = 1.548 fr. : 12	128 »	
Vétérinaire	150 »	
Frais divers	100 »	
Amortissement du matériel ; entretien des bâtiments	300 »	
Impôts, assurances	80 »	
Total	6.916 »	
Intérêt à 6 % pendant 20 mois	690 »	
Total des dépenses	7.606 »	

Recettes

Lait :

    De l'achat de la bête jusqu'au vêlage :
        120 jours $\times$ 4...................... 480 litres
    Du vêlage à la vente :
        480 jours $\times$ 9.................... 4.320 »

                Total.................... 4.800 litres

4.800 litres — 50 litres consommés par le veau =
                4.750 litres

4.750 litres : 25 litres (pour faire 1 kilo de beurre) =
                190 kilos de beurre

190 kilos de beurre $\times$ 20 fr................. 3.800 fr.
Veau à 10 jours.......................... 220 »
Petit lait : 4.750 litres : 9/10° = 4.275 $\times$ 0,30.. 1.282 50
Fumier : 20 tonnes $\times$ 40 fr.................. 800 »
Vente de la vache au boucher : 600 kilos $\times$
    4 fr. 75................................. 2.850 »

       Total des recettes.................... 8.952 50

Balance

8.952,50 — 7.606 = 1.346,50

Soit un bénéfice net de : 1.346 fr. 50 en 20 mois

CHAPITRE III

PRODUCTION DU FUMIER

Nous avons dit précédemment que l'on avait cherché à multiplier les spéculations animales pour arriver à produire la quantité de fumier nécessaire à l'assolement ; il nous reste à voir maintenant si le bétail entretenu à la ferme est assez important pour produire le fumier dont on a besoin.

Connaissant la quantité d'aliments et litières donnés au bétail annuellement, nous pouvons, en effet, calculer approximativement la quantité de fumier produite, d'après la méthode de Heuzé (1).

Pour la ferme de Gavrelle, cette méthode nous donne 1.159 tonnes de fumier par an ; or si nous comptons une moyenne de 32 hectares à fumer tous les ans, chaque hectare recevra :

$$1.159 \text{ tonnes} : 32 \text{ hectares} = 36 \text{ tonnes}$$

ce qui est une bonne dose d'engrais organiques à employer en première sole.

Le bétail est donc parfaitement proportionné aux cultures de la ferme.

---

(1) Matières sèches des aliments et litières × 1,80.

Calcul du fumier produit d'après la méthode de Heuzé

	ALIMENTS ET LITIÈRES	MATIÈRES SÈCHES PAR K.	MATIÈRES SÈCHES TOTALES
Avoine	95.000 k. $\times$	0,867 =	82.365 k.
Orge	6.000 k. $\times$	0,857 =	5.142 k.
Tourteau de lin.....	10.000 k. $\times$	0,890 =	8.900 k.
Tourteau d'arachides	5.000 k. $\times$	0,902 =	4.510 k.
Paille	370.000 k. $\times$	0,857 =	317.090 k.
Fourrage sec.......	73.000 k. $\times$	0,840 =	61.320 k.
Betteraves	150.000 k. $\times$	0,180 =	27.000 k.
Pulpes	500.000 k. $\times$	0,150 =	90.000 k.
Fourrages verts (moutons)	252.000 k. $\times$	0,150 =	37.800 k.
Herbe de pâtures (mangée par 6 bovins)	50.000 k. $\times$	0.200 =	10.000 k.

Total des matières sèches......... 644.127 k.

Quantité de fumier produite :
644.127 $\times$ 1,80 = 1.159 tonnes 428

Fabrication du fumier

La valeur fertilisante du fumier étant due en grande partie à son mode de fabrication, celui-ci est l'objet de soins incessants.

1° On retire le fumier le plus souvent possible des étables afin d'éviter la fermentation ammoniacale.

2° On l'étend régulièrement sur la fumière, de manière de former à la surface une couche de CO^2

empêchant partiellement les dégagements d'ammoniaque.

3° Enfin, on porte la plus grande attention sur
le tassement de la fumière.

Nous savons, en effet, qu'un fumier non tassé
se dessèche et, au bout de quelque temps on aper-
çoit à l'intérieur un tas de moisissures blanches
qui brûlent les matières organiques et dégagent
l'azote.

Le meilleur moyen de tasser la fumière sans
frais est d'y faire séjourner les animaux. On y met
donc pendant l'été le troupeau de moutons et
l'hiver de jeunes taureaux qui, n'ayant pas servi
encore, ne cherchent pas à se battre.

La fumière est ainsi piétinée pendant la majeure
partie de l'année et le fumier se décompose avec
un minimum de déperdition d'azote.

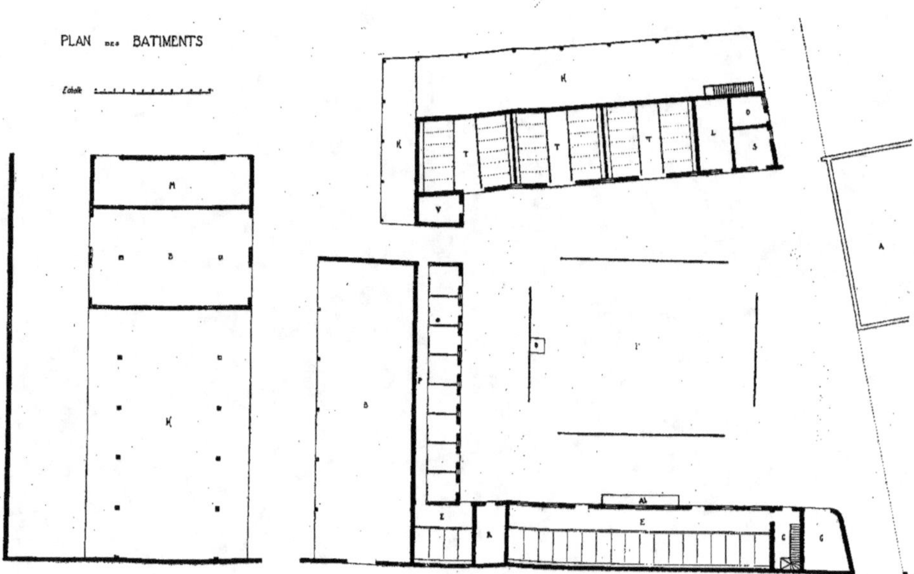

A   Maison d'habitation.
Ab   Abrevoir.
B   Bergeries.
C   Chambre de charretier.
E   Ecuries.

G   Garage.
H   Hangars.
L   Laiterie.
M   Magasins à engrais.
O   Logement.

P   Porcheries.
R   Salle des rations.
S   Réfectoire.
T   Etables.
V   Poulailler.

Quatrième Partie

Organisation Matérielle

CHAPITRE PREMIER

BATIMENTS

Les bâtiments détruits par la guerre ont été reconstruits aussitôt après sur un modèle simple mais très pratique. Toutes les dépenses superflues ont été évitées.

On ne verra donc dans les bâtiments aucun système de transport par Decauville ou mono-rail et d'accessoires de ce genre qui ne sont véritablement avantageux que dans les grandes fermes industrielles ou dans d'importantes vacheries. Tous les bâtiments ont été construits en briques et recouverts de tuiles, matériaux que l'on trouve facilement dans la région.

La plupart des locaux sont groupés autour d'une cour trapézoïdale ayant pour centre la fumière. En dehors de la cour il n'y a que quelques bâtiments annexes.

La cour, entièrement empierrée, permet les allées et venues faciles et une propreté constante.

Lorsqu'on entre dans la ferme, on trouve aussitôt à droite la maison d'habitation, avec façade sur la route nationale et pignon sur la cour, ce qui facilite la surveillance et les rapports avec les ouvriers. A gauche, on voit la cour, autour de laquelle se trouvent les principaux bâtiments.

Ecuries

L'écurie principale, de 27 mètres de longueur sur 6 mètres de largeur, comprend dix-huit stalles séparées par des bat-flanc mobiles.

Les chevaux sont tête au mur et derrière eux s'étend le couloir de service, d'une largeur de 2^m50 environ.

Le pavage en briques est légèrement incliné sous les chevaux pour permettre un écoulement facile des urines recueillies dans une rigole courant derrière les stalles.

Le plafond est formé par une série de petites voûtes qui soutiennent l'aire cimentée du grenier à grains et à fourrages.

Les mangeoires en ciment sont entrecoupées de tiges de fer, afin que les chevaux ne rejettent pas le « coupage » qu'on leur distribue.

Le fourrage coupé au grenier descend à l'aide d'une trémie, dans la salle des rations, à côté de l'écurie.

De l'autre côté de la salle des rations, nous trouvons une deuxième écurie aménagée exactement comme la première ; elle comprend quatre stalles.

Etables

Les locaux destinés aux bovins sont en face des écuries.

Nous trouvons là trois étables pouvant contenir 12 bêtes adultes, placées en rangées perpendiculaires à la longueur du bâtiment.

Chaque étable mesure 7 mètres sur 9 mètres. Le sol, en briques, est muni d'une rigole à purin. Les auges sont en ciment.

En voyant sur le plan cette disposition, on pourrait se demander pourquoi on n'a pas fait qu'une seule étable dans le sens de la longueur du bâtiment plutôt que trois petites. Il y aurait eu ainsi simplification de main-d'œuvre, mais les grandes étables ont aussi de nombreux inconvénients.

1° Comme les étables sont destinées à abriter quelquefois plusieurs espèces de bovins (vaches et taureaux), il est préférable d'avoir plusieurs locaux dans lesquels on peut séparer les catégories d'animaux.

2° Les animaux en petits groupes sont plus tranquilles, ils sont beaucoup moins souvent dérangés par les allées et venues de la personne qui les soigne, et ils profitent davantage des aliments qui leur sont donnés. Ainsi les bêtes à l'engrais s'engraissent mieux et les vaches laitières peuvent donner un meilleur rendement en lait.

3° Avec cette disposition, si on n'a pas un grand nombre de bovins, toutes les étables ne sont pas immobilisées. On les rassemble tous dans une seule étable et on peut utiliser les deux autres, en y mettant des moutons par exemple. Avec une grande étable, il serait beaucoup plus difficile de tirer parti de la place inoccupée. Comme nous le voyons, les petites étables ont des avantages et l'inconvénient qu'elles présentent est largement compensé.

Porcherie

La porcherie a été placée le plus loin possible de la maison d'habitation, à l'extrémité de la cour.

Elle comprend huit loges de 3 mètres sur 3, en un seul rang, le long duquel passe un couloir de service de 1ᵐ50 de largeur.

Les loges, séparées des unes des autres par des murs de 1ᵐ40 de hauteur, sont munies de deux portes : l'une donne sur la cour et l'autre sur le couloir de service. Cette disposition permet de sortir facilement les porcs sans les faire passer par le couloir de service.

Le sol de la porcherie est en briques. Les auges en ciment, noyées dans le mur, et s'ouvrant au moyen d'un couvercle extérieur, peuvent être remplies sans entrer dans la loge.

Remarques. — Tous les bâtiments que nous avons décrits ont une hauteur de 3ᵐ50. Ils sont aérés au moyen de fenêtres pivotant sur un axe horizontal, à 2 mètres du sol. Toutes les urines récoltées dans ces bâtiments sont conduites dans une fosse située sur le côté de la fumière. En consultant le plan, nous constatons que tous les bâtiments, d'où on doit sortir le fumier tous les jours, sont situés autour de la fumière. C'est une disposition excellente qui évite de la main-d'œuvre.

Bergerie

En dehors de la cour, deux bergeries servent à loger le troupeau : l'une mesure 10 mètres sur 17 et l'autre 10 mètres sur 30.

Elles sont assez éloignées de la fumière, mais il faut remarquer qu'on n'enlève le fumier des bergeries qu'assez rarement et quelquefois même on le transporte directement dans les champs.

De vastes ouvertures permettent une aération facile sans toutefois provoquer de courants d'air. Ces bergeries ne sont pas divisées par des cloisons fixes. Au moment des agnelages, on confectionne des séparations à l'aide de claies ou de râteliers mobiles.

Magasin à engrais

Dans toute ferme de culture importante, il faut avoir un vaste local pour abriter les engrais et fabriquer les mélanges avant leur emploi.

Dans la ferme que nous étudions, il y a un magasin de 17 mètres de long sur 5 de large.

Le sol, à un mètre de hauteur, est constitué par une aire en ciment.

Avec cette disposition, on peut décharger sans mal les chariots et les mélanges se font facilement dans ce vaste local.

Hangars

De nombreux hangars permettent de remiser tout le matériel.

De cette façon, quand on s'est servi d'un instrument, on peut le graisser et le ranger jusqu'à ce qu'on en ait besoin.

Les instruments préservés ainsi des intempéries ont une durée beaucoup plus grande et les réparations sont moins fréquentes.

Il y a également un hangar à récolte de 25 mètres sur 17, qui permet d'abriter une partie de la récolte et de battre l'hiver pendant les mauvaises journées.

Fumière

La fumière est constituée par une vaste plateforme rectangulaire, à coins coupés, de 23 mètres de long sur 17^m50 de large.

Elle est entourée par une clôture en ciment de 1^m50 de hauteur, qui permet d'y faire séjourner les animaux. A chaque coin, une large ouverture fermée en temps ordinaire par des barres de fer, permet au bétail et aux tombereaux d'y accéder.

Sur chaque côté de la fumière, des portillons en facilitent l'accès quand il y a du bétail. La plateforme est munie d'une légère pente qui empêche la stagnation du purin en excès, qui se rend alors dans la fosse, d'où on peut l'extraire au moyen d'une pompe à main.

CHAPITRE II

MATÉRIEL CIRCULANT

Le matériel circulant de la ferme ne comporte aucune particularité, il est sensiblement le même que dans toutes les fermes de culture.

Il comprend :

6 chariots 5 tonnes.

1 tombereau à deux roues.

2 petits chariots (pour le service de cour).

3 moissonneuses-lieuses (1^m80).

1 faucheuse.

1 semoir à betteraves.

1 semoir à graines.

1 semoir à engrais.

2 houes à cheval.

5 brabants (à mancherons).

3 canadiens.

2 extirpateurs.

2 déchaumeuses à quatre socs.

2 binots à trois socs.

3 rouleaux (six segments, 3 mètres).

1 croskill.

1 pulvériseur à disques.

5 jeux de herses.

1 pulvérisateur à acide sulfurique.

1 tonne à purin.

Tout le matériel de la ferme est acheté chez Daubresse, à Arras, ou chez Candelier, à Bucquoy (Pas-de-Calais).

CHAPITRE III

MATÉRIEL INTÉRIEUR

Force motrice — Eclairage — Eau

Le matériel intérieur se compose de :
Un appareil à coupage,
Un aplatisseur d'avoine,
Un brise-tourteaux,
Un coupe-racines,
actionnés tour à tour par un moteur de 5 CV.

Un trieur « Marot », avec moteur électrique de 2 CV.

Une pompe à chaîne multicellulaire qui extrait l'eau du puits et l'envoie au moyen d'un organe de refoulement dans un réservoir surélevé.

Ce réservoir permet de répartir l'eau sous pression dans les différentes parties de la ferme.

La pompe, munie de son organe de refoulement, demande une force de 2 CV, qui lui est fournie par un moteur électrique.

Un matériel de laiterie actionné par un moteur électrique de 1 CV.

Une batteuse « Brouhot », équipée avec un engreneur automatique et un lieur genre « Massey ». Cette batteuse, qui peut donner un rendement de 120 quintaux en dix heures, nécessite une force de 15 CV. Elle était actionnée jusqu'à présent par le tracteur 25 CV. Renault, que l'on avait acheté pour la remise en état des terres après la guerre.

Mais comme un tracteur d'une telle puissance n'a plus raison d'être à Gavrelle à l'heure actuelle, il va être vendu et on achètera à la place un moteur électrique de 15 CV., monté sur chariot.

Pour continuer à battre en dehors de la ferme, on installera une petite ligne électrique qui conduira le courant à une parcelle distance de 200 mètres de la cour, sur laquelle on a l'habitude de rassembler les meules.

Le battage électrique sera beaucoup moins onéreux que par le tracteur, dont le carburant est aujourd'hui très cher.

Tous les bâtiments de la ferme sont éclairés par l'électricité du « secteur », envoyée sous une tension de 120 volts.

Le kilowatt-heure coûte aujourd'hui 1 fr. 47 pour la force et 1 fr. 95 pour l'éclairage.

CONCLUSION

Pour terminer cet aperçu sur « Une ferme au Nord de l'Artois », nous dégagerons les causes qui contribuent à la prospérité des exploitations de cette région. Elles se résument à trois.

La première est évidemment due au milieu naturel : les terres riches et la température plutôt humide favorisent la production.

La deuxième consiste dans la richesse du milieu économique qui procure de nombreux débouchés et permet souvent de vendre sans le besoin d'intermédiaires.

La troisième enfin, qui est peut-être la cause essentielle, est l'activité des cultivateurs, qui font produire leurs terres au maximum par l'adoption du système de culture intensif.

Ce système de culture a été un peu désorganisé ces dernières années par suite de la guerre, mais grâce à l'ardeur que les agriculteurs ont mise au rétablissement de leurs exploitations, il est maintenant à peu près redevenu ce qu'il était.

Dans peu de temps, il faut espérer que partout les rendements seront aussi bons qu'avant la guerre et peut-être meilleurs à cause de la modernisation des méthodes culturales.

En finissant, nous nous permettrons de formuler nos plus sincères remerciements à M. Jean Lequette qui, par sa grande compétence, nous a aidé pour une large part à la réalisation de ce travail.

TABLE DES MATIERES

Imprimerie Départementale de l'Oise, 26, Rue de Malherbe, Beauvais